Alimentos em Cosméticos Funcionais

Alimentos em Cosméticos Funcionais

Biotecnologia, Ciência e Prática

Profa. Dra. Gislaine Ricci Leonardi
Professora Associada da Faculdade de Farmácia
da Universidade Estadual de Campinas (Unicamp)

Prof. Dr. Juliano Lemos Bicas
Professor Associado da Faculdade de Engenharia de
Alimentos da Universidade Estadual de Campinas (Unicamp)

manole
editora

Editora: Cristiana Gonzaga S. Corrêa
Projeto gráfico: Departamento de Arte da Editora Manole
Editoração eletrônica: Luargraf Serviços Gráficos
Ilustrações: Luargraf Serviços Gráficos, Freepik
Capa: Iuri Guião
Imagens de capa: Freepik

CIP-BRASIL. CATALOGAÇÃO NA PUBLICAÇÃO
SINDICATO NACIONAL DOS EDITORES DE LIVROS, RJ

L595a

Leonardi, Gislaine Ricci
Alimentos em cosméticos funcionais : biotecnologia, ciência e prática / Gislaine Ricci Leonardi, Juliano Lemos Bicas. - 1. ed. - Barueri [SP] : Manole, 2025.

Inclui bibliografia
ISBN 9788520469880

1. Alimentos - Cosméticos. 2. Alimentos - Biotecnologia. 3. Cosméticos - Biotecnologia. I. Bicas, Juliano Lemos. II. Título.

CDD: 668.55
25-101020.0 CDU: 661.12

Carla Rosa Martins Gonçalves - Bibliotecária - CRB-7/4782

Edição – 2025

Editora Manole Ltda.
Alameda Rio Negro, 967, cj. 717
Alphaville – Barueri – SP – Brasil
CEP: 06454-000
Fone: (11) 4196-6000
www.manole.com.br | https://atendimento.manole.com.br/

Impresso no Brasil | *Printed in Brazil*

Sumário

Apresentação

Os projetos que fomos desenvolvendo ao longo da nossa parceria profissional nos mostraram que a ciência cosmética tem muitas semelhanças e fortes pontos de interação com a ciência de alimentos. Claro que alguns ingredientes utilizados nesses diferentes tipos de produtos são distintos, até porque as legislações que respaldam a segurança de ambos são diferentes. Mas as tecnologias de preparo e a definição das composições tanto de cosméticos como de alimentos muitas vezes se baseiam nas mesmas estratégias ou se respaldam nos mesmos princípios científicos. Por exemplo, uma emulsão cosmética (creme hidratante) é formada com óleo, água, emulsionantes, antioxidantes e conservantes, mesma composição básica de uma emulsão alimentícia, como uma maionese, por exemplo.

A ciência farmacêutica oferece embasamento teórico e prático sobre os produtos cosméticos, incluindo a disciplina de Cosmetologia, além de outras (histologia, fisiologia, bioquímica, química, física, microbiologia, farmacotécnica, controle de qualidade) de extrema importância para quem quer ser um formulador cosmético. A pós-graduação *stricto sensu* na área cosmética oferece oportunidade aos interessados de se aperfeiçoar e se aprofundar nesse segmento. A ciência cosmética evoluiu muito nas últimas décadas. O empirismo se transformou em ciência, e a cosmetologia começou a contribuir não só com a qualidade de vida, mas também com a promoção da saúde das pessoas.

Já a ciência, tecnologia e engenharia de alimentos focam o processamento de alimentos em escala industrial, tendo como grande desafio alinhar aspectos técnicos, nutricionais, sociais e ambientais relacionados à produção e comercialização de alimentos. Nesse sentido, uma das principais tendências desse setor tem sido desenvolver produtos alimentícios que sejam apetitosos, seguros, práticos, saudáveis, acessíveis e social/ecologicamente responsáveis, de preferência alinhados ao conceito de *clean-label* (rotulagem que maximize a compreensão e minimize a quantidade de ingredientes e aditivos, sobretudo os menos conhecidos pelo público geral). Adicionalmente, o papel da alimentação na saúde tem sido expandido para além das fronteiras do simples fornecimento de nutrientes básicos (carboidratos, proteínas, lipídios, vitaminas e minerais) e, atualmente, há um interesse crescente por outros atributos dos alimentos (tais como atividades antioxidantes, anti-inflamatórias e de modulação da microbiota intestinal) que podem auxiliar na mitigação de problemas de saúde ou de processos decorrentes do curso natural do envelhecimento.

Por outro lado, a área de biotecnologia está baseada no emprego de cultura de células, microrganismos ou enzimas no desenvolvimento de produtos e processos com aplicações práticas em benefício do desenvolvimento econômico, tecnológico, ambiental e social. Dentre tais processos e produtos, destacam-se aqueles relacionados às indústrias farmacêuticas e de alimentos, bem como os setores de bioenergia e saúde. Assim, há uma clara interface entre áreas destacadas nesta obra (cosmetologia, alimentos e biotecnologia), especialmente no que tange à constante busca pela melhora das condições de saúde e qualidade de vida da população.

Logo, as áreas das ciências farmacêuticas, de alimentos e de biotecnologia buscam igualmente inovações tecnológicas que possam contribuir com a promoção da saúde de uma população progressivamente mais idosa e consciente, que cada vez mais busca o bem-estar físico, mental e social. Desse modo, alimentos e cosméticos têm papel-chave para atender à crescente atenção dada à saúde em geral e à manutenção das boas condições da pele e de seus anexos, afinal todos querem envelhecer com qualidade de vida e boa aparência.

O interesse pelo conhecimento das alterações que acontecem com o avanço da idade tem estimulado estudos de muitos pesquisadores, em diversas áreas relacionadas, que visam alcançar produtos cosméticos e alimentos cada vez melhores, o que inclui considerar ferramentas biotecnológicas para ampliar o arsenal tecnológico na solução das demandas da sociedade. Um exemplo clássico nesse sentido é o ácido ascórbico, composto que envolve uma etapa bioquímica em sua produção e cujas propriedades vitamínica (vitamina C) e antioxidante se mostraram essenciais na modulação de processos fisiológicos que resultam na melhora da saúde em geral e, especificamente, da pele e na prevenção de processos relacionados ao envelhecimento.

Este livro relata um pouco da experiência que acumulamos nesta nossa caminhada e é direcionado ao estudo dos conceitos da ciência cosmética, alimentos e biotecnologia, particularmente de suas inter-relações. Apesar de ser claro pela legislação que cosméticos são produtos de uso externo, ou seja, que não podem ser ingeridos, acreditamos que o desenvolvimento de produtos de uso externo que teoricamente poderiam ser ingeridos os tornaria mais seguros e atrativos em termos comerciais. Assim, com base na grande conexão entre as áreas de cosmetologia e ciência de alimentos, espera-se que os desafios enfrentados em uma possam encontrar solução na outra. Para tanto, entendemos que um neologismo poderia ser proposto para designar esta nova área de estudo, o termo "cosmetrófico". Tais produtos seguiriam a legislação de gêneros alimentícios, mas poderiam ser utilizados com finalidade cosmética, obviamente desde que não conflitem com o que estabelece a legislação para esses produtos. Ou seja, eles deveriam ser formulados como alimentos, porém poderiam encontrar aplicações cosméticas. Espera-se que isso tenha impacto favorável na percepção da segurança e saudabilidade de tais produtos pela população. Parte desse novo campo científico, que também pode envolver o uso de microrganismos, enzimas ou cultura de células, seria chamada de "biotecnologia cosmetrófica" (Figura 0.1).

Portanto, este livro tem como objetivo apresentar quais aspectos técnicos são desejados de ingredientes para as formulações cosméticas e esclarecer como os alimentos ou seus componentes podem ser empregados no preparo

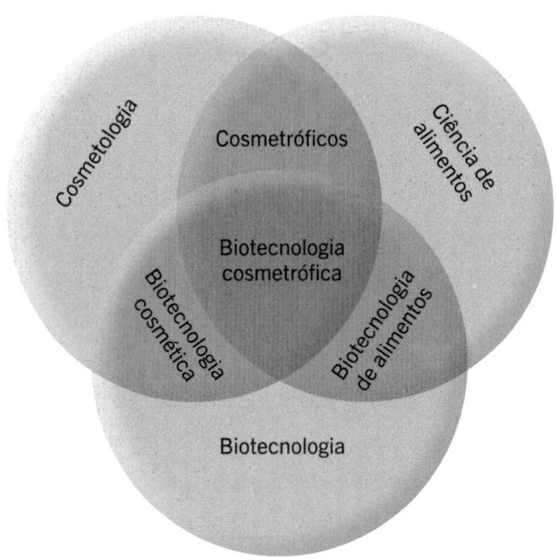

FIGURA 0.1 Resumo gráfico das principais inter-relações abordadas neste livro.

de produtos cosmetróficos. Pretendemos, também, abordar como alimentos e seus ingredientes podem ser obtidos por via biotecnológica, dessa forma possibilitando o desenvolvimento de produtos cosmetróficos biotecnológicos. Vale ressaltar que a obra se concentrará apenas em ingredientes das formulações, sem abordar aspectos relacionados às instalações, questões de higiene e demais normas, presumindo que o preparo de produtos cosmetróficos deve seguir estritamente tudo o que se preconiza para os alimentos.

A estrutura do livro pode ser resumida com base na observação da Figura 0.1: após uma introdução com dados históricos de mercado (Capítulo 1) e uma explicação sobre os principais componentes em formulações de alimentos e cosméticos e suas funções (Capítulo 2), serão abordadas as inter-relações entre cosmetologia e ciência de alimentos (Capítulo 3), ciência de alimentos e biotecnologia (Capítulo 4), biotecnologia e cosmetologia (Capítulo 5) e, finalmente, a inter-relação entre todos esses campos (Capítulo 6).

Esta obra foi desenvolvida com muito cuidado e entusiasmo para os estudantes de graduação e pós-graduação das áreas afins a farmácia, ciência e tecnologia de alimentos, biotecnologia, nutrição, química e engenharias, em especial aos que desejam se aprofundar no universo das formulações cosméticas. Esperamos que aproveitem.

Boa leitura e bons estudos!

Gislaine Ricci Leonardi
e
Juliano Lemos Bicas

Prefácio

A relação entre as áreas de ciências farmacêuticas, especialmente a cosmetologia e a ciência de alimentos, é cada vez mais próxima na atualidade. Ambas as áreas compartilham princípios científicos, ingredientes e até mesmo tecnologias semelhantes, como pode ser visto, brilhantemente descrito, neste livro.

Muitos ingredientes utilizados em alimentos também aparecem em cosméticos, tais como os óleos vegetais, as vitaminas, os açúcares e proteínas como o colágeno. Também no preparo, no que concerne ao desenvolvimento de tecnologias de processo, que podem ser bastante semelhantes.

Ao lado disso, é importante mencionar que a ciência sensorial, importante tanto para uma área como para outra, é um tópico comum a ambas.

Outro ponto a considerar é a atenção dos órgãos regulatórios à segurança, regulamentação e toxicologia em ambos os campos, especialmente quando os produtos são aplicados ou ingeridos.

Por outro lado, há uma tendência de mercado mundial à busca de produtos naturais, sem conservantes e aditivos artificiais, com propriedades funcionais que tenham apelo tanto na prevenção de doenças ou a manutenção da saúde quanto nos cuidados de beleza.

A interseção entre cosméticos e a ciência de alimentos, em especial com o envolvimento da biotecnologia, mostra que o conhecimento tecnológico pode transitar entre diferentes áreas da indústria, sempre com foco na saúde, segurança e bem-estar do consumidor.

Essa convergência abre portas para inovações e produtos cada vez mais integrados e eficazes, principalmente no Brasil, que desponta por apresentar uma das maiores biodiversidades, ainda muito pouco explorada de modo sustentável na obtenção de novos produtos, seja no campo da cosmetologia, seja na área da ciência de alimentos.

Este livro, escrito por dois pesquisadores de excelência, a Professora Gislaine Ricci Leonardi e o Professor Juliano Lemos Bicas, especialistas reconhecidos em suas áreas de atuação, expõe de maneira brilhante as possibilidades de interação das duas áreas visando ao aproveitamento sustentável da nossa biodiversidade na produção de novos compostos que atinjam as expectativas dos consumidores e forneçam propriedades importantes para a saúde e o bem-estar.

Profa. Dra. Glaucia Maria Pastore
Professora Titular de Bioquímica
Coordenadora do Laboratório de
Bioaromas e Compostos Bioativos da
Faculdade de Engenharia de Alimentos
Pró-Reitora de Pesquisa da Unicamp entre 2013 e 2017

1

Introdução

ASPECTOS DE MERCADO

Verificando o cenário do mercado industrial de modo geral, pode-se dizer que a indústria de cosméticos e a indústria de alimentos têm aumentado expressivamente nos últimos tempos. Projeções para o mercado de cosméticos, por exemplo, indicam um crescimento próximo a 5% ao ano em um intervalo de 7 anos, considerando que o mercado recente (2021) foi de cerca de três centenas de *bilhões* de dólares. Esse mercado é dominado pelos produtos de cuidados com a pele, cuidados com o cabelo e maquiagens, que correspondem a aproximadamente 40, 20 e 15% do total do mercado de cosméticos norte-americano, respectivamente (Allied Marked Research, 2023; Fortune Business Insights, 2025; Grand View Research, 2023b) (Figura 1.1). Já o mercado de alimentos é obviamente muito maior, e deve crescer do valor atual (entre 7 e 9 trilhões de dólares) a uma taxa um pouco maior que 6% ao ano nos próximos anos (The Business Research Company, 2025; Statista, 2025).

Um conjunto dos fatores sociais, políticos e econômicos tem contribuído para essa contínua expansão, mas um fator que tem chamado a atenção é o interesse crescente da população por produtos que contribuam para a saúde humana e para a prevenção de processos relacionados ao envelhecimento, resultando em melhor qualidade de vida. Dessa maneira, muitos profissionais têm buscado qualificação e formação adequada para atuar nas áreas de cosméticos e alimentos. Esse fato se reflete em um incremento nas áreas de pesquisas voltadas ao desenvolvimento de novos ingredientes (incluindo os

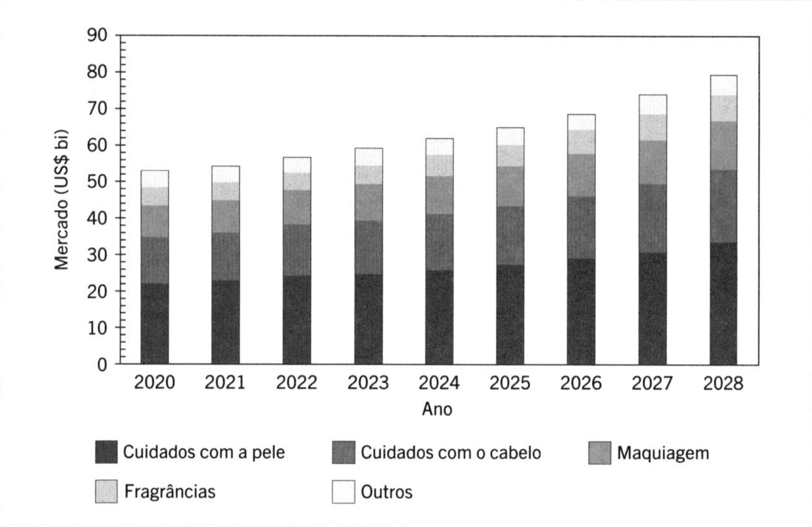

FIGURA 1.1 Mercado de cosméticos nos EUA.
Fonte: Grand View Research (2023b).

bioativos), em formas de avaliação de produtos, tecnologias de processos e formulação, como também na busca incessante por adequação quanto a temas em recente abordagem, como a preocupação ambiental. Vale destacar que as ferramentas biotecnológicas, com o uso de enzimas, microrganismos ou culturas de células, têm auxiliado muito no avanço das ciências cosméticas e de alimentos, não apenas contribuindo para o desenvolvimento de produtos e processos, mas também para o estudo de identificação de atividades biológicas relacionadas aos novos ingredientes ou produtos.

Na verdade, a atenção ao cuidado com o corpo e à estética tem acompanhado a civilização humana desde a Antiguidade, uma vez que de certa forma ela reflete algumas das necessidades humanas atávicas, incluindo o instinto de autopreservação e de transmissão de genes às futuras gerações, até a necessidade de manifestação de expressões artísticas. A descoberta empírica de ervas medicinais e a pintura corporal são exemplos evidenciados mesmo em sociedades ditas "primitivas". Assim, a busca por produtos que pudessem trazer melhora na saúde da pele e seus anexos esteve presente em diversas culturas ao longo da história. Como será visto a seguir, esses "cosméticos primordiais" eram obtidos a partir de matérias-primas de uso corrente, muitas vezes produtos comestíveis. Portanto, como poderá ser observado, a ideia central deste livro (exploração da interface alimentos-

-cosméticos) não é exatamente uma novidade, embora a intenção aqui seja expandir essa visão para uma abordagem mais moderna, calcada em um conhecimento científico sólido como base para escolhas mais racionais e assertivas, incluindo o emprego da biotecnologia como ferramenta adicional.

HISTÓRIA DO USO DE ALIMENTOS NA PELE E SEUS ANEXOS

Retomando o que foi há pouco mencionado, o uso de alimentos e seus componentes com finalidades cosméticas ou de beleza remonta a milênios. Essa história pode ser dividida em três ondas distintas, nas quais predominam: (i) o uso dos alimentos propriamente ditos, (ii) o uso de componentes dos alimentos e, por fim, (iii) o uso de componentes de origem biotecnológica (Figura 1.2). Exemplos de cada caso serão abordados a seguir.

Relatos históricos indicam que o leite foi um dos primeiros alimentos utilizados com finalidade cosmética. A princípio ele era usado para limpar a pele e deixá-la menos ressecada, já que é uma emulsão, ou seja, constituído de água e óleo, substâncias que estão presentes naturalmente em nossa pele, ajudando na manutenção do manto hidrolipídico, que fornece hidratação e proteção cutânea. Há relatos de que Cleópatra, rainha do Egito antigo, banhava-se com leite de cabra para cuidar da pele. Os chás de ervas aromáticas (p. ex., alecrim, camomila), por vários séculos, também eram aplicados na pele e nos cabelos. Posteriormente, há relatos de que mel e ovos começaram a ser aplicados na pele, assim como farinha de fava, para branqueá-la temporariamente.

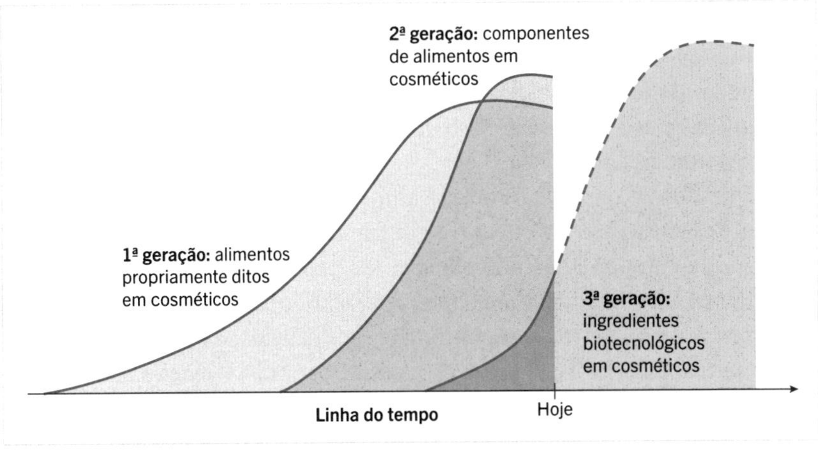

FIGURA 1.2 Ondas de interação entre alimentos e cosméticos.

Embora o uso direto dos alimentos com finalidades cosméticas seja a abordagem mais antiga, ela ainda é bastante empregada. É possível ver em livros de história, depois em revistas, e mais recentemente na internet, muitas sugestões de uso de alimentos como ingredientes para cuidar da pele e seus anexos. Como alguns exemplos mais recentes é possível citar o uso de aveia misturada ao mel e iogurte para hidratar, esfoliar e clarear a pele, ou então o uso de pó de café misturado ao azeite para esfoliar a pele áspera dos pés. Para esfoliação da pele, a sugestão do uso de açúcar, fubá ou sal também pode ser encontrada. Em se tratando de saúde e beleza capilar, existem sugestões de uso da cebola para colorir naturalmente os cabelos. Outros exemplos clássicos incluem o uso de pepino nos olhos, máscaras e esfoliantes preparados com farinha de milho e mel e suco de maracujá com semente moída. Na verdade, o uso de subprodutos do processamento de alimentos (cascas, sementes etc.) tem encontrado aplicações na indústria cosmética moderna, como o exemplo de esfoliantes contendo cascas ou sementes de alimentos (p. ex., semente de maracujá) moídas. Embora os "produtos" dessa "primeira geração" sejam predominantemente formulações caseiras, é possível encontrar no mercado alguns produtos comerciais obtidos com o mesmo princípio.

Em um segundo momento, substâncias recuperadas dos alimentos passaram a ser empregadas nas formulações cosméticas. Talvez o exemplo mais clássico seja o uso de extratos vegetais ou óleos essenciais tendo como finalidade principal conferir fragrância. Mais recentemente, essa abordagem foi impulsionada pelo uso de extratos ou componentes de alimentos como fontes de antioxidantes (p. ex., ácido ascórbico, polifenóis), agentes com ação corante (pigmentos dos alimentos) ou de clareamento da pele (p. ex., inibidores de tirosinase), como é o caso da receita caseira que emprega água da lavagem do arroz para clarear a pele. Atualmente essa é uma tendência no mercado, e produtos desse tipo podem ser encontrados em diversas formulações comerciais.

Por fim, outra onda de interação alimentos-cosméticos, que aflorou nas últimas décadas e hoje se encontra em franco crescimento, é caracterizada pelo uso de componentes provenientes de processos biotecnológicos. Em tese, alguns dos alimentos da "primeira geração" poderiam ser enquadrados aqui, tais como o iogurte (para hidratar pele e cabelos) e o vinagre (para dar brilho aos cabelos), pois, como será visto no Capítulo 4, esses alimentos podem ser considerados produtos oriundos da "biotecnologia de alimentos". Porém, o que se considera nessa terceira onda são os componentes isolados, obtidos a partir de bioprocessos destinados especificamente para sua produção. Por exemplo, o ácido lático, um hidroxiácido com propriedades cosméticas, é obtido por processos fermentativos, assim como são as enzimas, bioaromas, biocolorantes, entre outros. Embora tais produtos ainda não predominem nas prateleiras, entende-se que eles terão um grande crescimento nos próximos anos.

Esses exemplos ilustram que o argumento apresentado neste livro não é novo. Pretende-se apenas dar um nome e sistematizar esse tipo de prática, além de sugerir uma perspectiva de novos processos e produtos que podem ser formulados industrialmente com novos recursos (ingredientes, equipamentos etc.), (bio) tecnologias e abordagens mais modernas. Nos capítulos seguintes serão considerados os avanços científicos acerca de alimentos, insumos alimentares ou matérias-primas potencialmente comestíveis que possam trazer benefícios para a pele e seus anexos quando aplicados de maneira tópica. Acredita-se que existe um potencial de inovação e alto grau de segurança para os futuros cosméticos, atendendo tanto a demandas da sociedade como de empresas do setor.

2

Ingredientes de alimentos e de formulações cosméticas

INTRODUÇÃO

Os avanços recentes que têm contribuído para o desenvolvimento tecnológico e científico das áreas cosmética e de alimentos envolvem a evolução do conhecimento funcional e bioquímico da pele, sua interação com as substâncias ativas aplicadas topicamente ou ingeridas, maior compreensão dos processos relacionados ao fotoenvelhecimento, além dos estudos mecanísticos que descrevem como os alimentos e seus componentes podem atuar na melhoria da saúde e em uma melhor qualidade de vida, incluindo seus impactos em aspectos estéticos. Neste livro, são abordados alguns desses aspectos, buscando especialmente a interface entre cosméticos, alimentos e biotecnologia e as semelhanças de métodos e objetivos entre essas áreas. Como etapa inicial, para facilitar o entendimento e alinhar nomenclaturas, serão apresentadas a seguir algumas definições, legislações e conceitos importantes para as duas áreas.

LEGISLAÇÃO E DEFINIÇÕES

A Agência Nacional de Vigilância Sanitária (Anvisa) é uma agência regulatória vinculada ao Ministério da Saúde que foi criada pela Lei n. 9.782, de 26 de janeiro de 1999, com a finalidade de proteger a "saúde da população, por intermédio do controle sanitário da produção e consumo de produtos e serviços submetidos à vigilância sanitária, inclusive dos ambientes, dos processos, dos insumos e das tecnologias a eles relacionados, bem como o controle de portos, aeroportos, fronteiras e recintos alfandegados" (Brasil, 1999). É sua incumbência regulamentar, controlar e fiscalizar os produtos e serviços que envolvam risco à saúde pública, incluindo medicamentos, alimentos, cosméticos, saneantes, produtos fumígeros derivados ou não do tabaco, equipamentos e materiais médico-hospitalares, dentre outros. Assim, de forma geral, tanto cosméticos como alimentos (exceto os de origem animal e bebidas, cuja atribuição de regulamentação recai sobre o Ministério da Agricultura e Pecuária) são regulados nacionalmente pela mesma agência federal, que deve assegurar ao consumidor a aquisição de produtos eficazes, seguros e de qualidade. Na sequência serão apresentadas algumas definições e legislações específicas sobre o tema deste livro.

Aspectos gerais sobre a legislação de cosméticos

Cosméticos (assim como produtos de higiene pessoal e perfumes) são definidos pela Anvisa como preparações constituídas por substâncias naturais ou sintéticas, de uso externo nas diversas partes do corpo humano, pele, sistema capilar, unhas, lábios, órgãos genitais externos, dentes e membranas mucosas da cavidade oral, com o objetivo exclusivo ou principal de limpá-los, perfumá-los, alterar sua aparência e ou corrigir odores corporais e/ou protegê-los ou mantê-los em bom estado (Resolução da Diretoria Colegiada RDC n. 752, de 19 de setembro de 2022). São produtos para uso externo, destinados à proteção ou ao embelezamento das diferentes partes do corpo, como pós faciais, talcos, cremes de beleza, cremes para as mãos e similares, máscaras faciais, loções de beleza, soluções leitosas, cremosas e adstringentes, loções para as mãos, bases de maquilagem e óleos cosméticos, ruges, *blushes,* batons, lápis labiais, preparados antissolares, bronzeadores e simulatórios, rímeis, sombras, delineadores, tinturas capilares, agentes clareadores de cabelos, preparados para ondular e para alisar cabelos, fixadores de cabelos, laquês, brilhantinas e similares, loções capilares, depilatórios e epilatórios, preparados para unhas e outros.

Já os produtos de higiene pessoal são formulações para uso externo, antissépticos ou não, destinados ao asseio ou à desinfecção corporal, compreendendo os sabonetes, xampus, dentifrícios, enxaguatórios bucais, antiperspirantes, antitranspirantes, desodorantes, produtos para barbear, após barbear e outros.

Perfumes, por outro lado, são produtos de composição aromática obtida à base de substâncias naturais ou sintéticas que, em concentrações e veículos apropriados, tenham como principal finalidade a odorização de pessoas, incluídos os extratos, as águas perfumadas, os perfumes cremosos, preparados para banho, apresentados em forma líquida, geleificada, pastosa ou sólida.

Logo, fica evidente que cosméticos, produtos de higiene pessoal e perfumes são produtos de uso externo, que podem ser aplicados em diversas partes do corpo humano. Os chamados produtos de higiene pessoal, perfumaria e cosméticos (HPPC) fazem parte do uso cotidiano de parcela significativa da população. Dessa maneira, a indústria de HPPC mobiliza e promove o desenvolvimento do Brasil e de muitos países. O Brasil, em 2023, permaneceu na terceira posição no *ranking* mundial de consumo de produtos HPPC, segundo a Associação Brasileira da Indústria de Higiene Pessoal, Perfumaria e Cosméticos (Abihpec), ficando atrás apenas dos Estados Unidos e da China.

Para a comercialização de produtos cosméticos, é necessário seu registro de cosméticos na Anvisa ou notificação. Para obter o registro de cosméticos na Anvisa é necessário saber a qual grau de risco o produto pertence, uma vez que, perante a Anvisa, os cosméticos podem ser classificados em grau I e grau II. Na classificação de grau I estão produtos com propriedades básicas ou elementares. Isso significa que sua comprovação não é totalmente necessária e não requer informações detalhadas quanto a seu modo de uso. Já na classificação de grau II estão os cosméticos com indicações específicas, cujas características precisam de comprovação de segurança e/ou eficácia. Para os produtos de grau I, é preciso apenas uma notificação para a Anvisa. Para os produtos de grau II, o registro é necessário.

A indústria cosmética emprega nomenclatura peculiar para seus ingredientes, também conhecidos como componentes (produtos químicos usados na fabricação de cosméticos). A Cosmetic, Toiletry and Fragrance Association (CTFA), principal associação comercial e política da indústria cosmética dos Estados Unidos, padronizou a rotulagem dos ingredientes. Essa entidade compilou uma extensa lista de conhecidos ingredientes cosméticos e atribuiu nomes para serem adotados pela indústria. Isso originou o *The CTFA cosmetics ingredient dictionary* (Dicionário de ingredientes cosméticos da CTFA). Inicialmente publicado em 1973, o dicionário foi adotado pelo Food and Drug Administration (FDA) como a nomenclatura oficial de ingredientes cosméticos dos Estados Unidos. Em vista da adoção da nomenclatura para uso internacional, em 1994 o sistema foi renomeado como International Nomenclature of Cosmetic Ingredient (INCI). O sistema INCI utiliza nomes químicos. Ingredientes que sejam misturas de diferentes componentes são designados pela listagem de cada componente, em ordem decrescente. Logo, INCI é uma Nomenclatura Internacional de Ingredientes Cosméticos. Trata-se de um sistema internacional de codificação para designar os ingredientes utilizados em produtos cosméticos, reconhecido e adotado mundialmente.

Existem regras específicas que norteiam a definição do "nome" da substância e um comitê internacional responsável pela nomenclatura formado por representantes do FDA, da Comissão Europeia, dos Ministérios da Saúde do Canadá e do Japão.

Visto que existem mais de 12 mil ingredientes utilizados em produtos cosméticos e muitos têm, além da denominação química, mais de um nome comercial, o INCI permite designar de forma única e simplificada a composição dos ingredientes no rótulo dos produtos cosméticos. Assim, a nomenclatura INCI facilita a identificação de qualquer ingrediente de forma clara, precisa e imediata não só no Brasil, mas em qualquer país no mundo e principalmente do ponto de vista sanitário, para proteger e resguardar a saúde da população.

O INCI já foi adotado por vários países. Pode-se citar como exemplo sua adoção na União Europeia (Portugal, Espanha, França, Itália, Inglaterra, Alemanha etc.), no Mercosul (Argentina, Brasil, Paraguai, Uruguai e Venezuela), na Comunidade Andina (Peru, Bolívia, Colômbia e Equador), nos Estados Unidos, na África do Sul, no Japão, na Austrália e, recentemente, no México.

Em geral os produtos cosméticos são seguros, pois contêm ingredientes já pesquisados e testados para a finalidade do produto, mas há pessoas com sensibilidades específicas e que podem ter reações a determinadas substâncias. Para se proteger do risco decorrente do contato com uma substância, o consumidor precisa identificá-la na rotulagem dos produtos. A necessidade de estabelecer sistemas de nomenclatura decorre justamente do fato de essas substâncias não constarem do vocabulário comum, por representarem uma linguagem técnica, ou química, desconhecida de boa parte da população.

A Resolução n. 646 da Anvisa, publicada em 2022, obriga à descrição da composição em português na rotulagem de produtos de higiene pessoal, cosméticos e perfumes. Porém, a Nomenclatura Internacional de Ingredientes Cosméticos (INCI) continua obrigatória na rotulagem dos produtos de higiene pessoal, cosméticos e perfumes.

São benefícios da adoção da nomenclatura INCI: agilidade, precisão e clareza na identificação dos ingredientes; facilidade de localização de informações e de orientação para consumidores, profissionais de saúde e de vigilância sanitária. Além disso, evita-se a confusão entre sinônimos e diferentes terminologias ou nomenclaturas químicas. A uniformização e a padronização obtidas com a adoção da nomenclatura INCI facilitam a identificação dos ingredientes e agilizam a localização das informações na literatura técnico-científica e nos compêndios de referência.

Nos últimos anos, o dinamismo da indústria cosmética tem proporcionado o aparecimento de muitos novos ingredientes para serem usados nas formulações. Tanto a área de cosméticos como a de alimentos têm legislações específicas que determinam quais ingredientes podem ser usados como cosméticos, e, em muitos casos, um mesmo ingrediente pode ser empregado em ambos (p. ex., vitamina C, vitamina A). Em cosméticos, a Resolução RDC n. 642, de 24 de março de 2022, dispõe sobre os critérios para inclusão, exclusão e alteração de concentração de substâncias utilizadas em produtos de higiene pessoal, cosméticos e perfumes. Já a Resolução RDC n. 752, de 19 de setembro de 2022, dispõe sobre a definição, a classificação, os requisitos técnicos para rotulagem e embalagem, os parâmetros para controle microbiológico, bem como os requisitos técnicos e procedimentos para a regularização de produtos de higiene pessoal, cosméticos e perfumes.

Não constando a substância em nenhuma das listas, o detentor do registro deve verificar as características da substância, a adequação de seu uso em formulações cosméticas, assim como recomendação de uso pelo fabricante da matéria-prima de modo a garantir a segurança e eficácia de seu produto. Esclarece-se que somente podem ser regularizados como produtos cosméticos aqueles que estejam de acordo com a definição e o objetivo de produtos cosméticos disposta na RDC n. 752/2022 e que atendam ao disposto nas normas que regulam produtos cosméticos.

Assim, a área de cosméticos tem algumas listas de substâncias permitidas (conservantes, corantes, filtros solares e alisantes), e listas de substâncias com uso restrito ou proibidas em produtos de higiene pessoal, cosméticos e perfumes. Como exemplos, tem-se:

- **RDC n. 36/2009:** proíbe a exposição, a venda e a entrega ao consumo de formol ou de formaldeído (solução a 37%) em drogaria, farmácia, supermercado, armazém e empório, loja de conveniência e *drugstore*.
- **RDC n. 528/2021:** lista de substâncias de ação conservante permitidas para produtos de higiene pessoal, cosméticos e perfumes.
- **RDC n. 529/2021:** lista de substâncias que não podem ser utilizadas em produtos de higiene pessoal, cosméticos e perfumes.
- **RDC n. 806/2023:** lista de substâncias que os produtos de higiene pessoal, cosméticos e perfumes não devem conter exceto nas condições, e com as restrições estabelecidas, bem como a lista de componentes de

fragrâncias e aromas que devem ser indicados na rotulagem desses produtos em condições específicas.

- **RDC n. 600/2022:** lista de filtros ultravioleta permitidos para produtos de higiene pessoal, cosméticos e perfumes.
- **RDC n. 628/2022:** lista de substâncias corantes permitidas para produtos de higiene pessoal, cosméticos e perfumes.
- **Instrução Normativa (IN) n. 220/2023:** lista de ativos permitidos em produtos cosméticos para alisar ou ondular os cabelos com requisitos para seu uso, nos termos da RDC 409, de 27 de julho de 2020.

Aspectos gerais sobre a legislação de alimentos

De acordo com o Decreto-lei n. 986, de 21 de outubro de 1969, alimento é "toda substância ou mistura de substâncias, no estado sólido, líquido, pastoso ou qualquer outra forma adequada, destinadas a fornecer ao organismo humano os elementos normais à sua formação, manutenção e desenvolvimento". A legislação brasileira (Portaria n. 540, de 27 de outubro de 1997) ainda define ingrediente como "qualquer substância, incluídos os aditivos alimentares, empregada na fabricação ou preparação de um alimento e que permanece no produto final, ainda que de forma modificada", enquanto aditivo alimentar "é qualquer ingrediente adicionado intencionalmente aos alimentos, sem propósito de nutrir, com o objetivo de modificar as características físicas, químicas, biológicas ou sensoriais, durante a fabricação, processamento, preparação, tratamento, embalagem, acondicionamento, armazenagem, transporte ou manipulação de um alimento. Ao agregar-se poderá resultar em que o próprio aditivo ou seus derivados se convertam em um componente de tal alimento. Esta definição não inclui os contaminantes ou substâncias nutritivas que sejam incorporadas ao alimento para manter ou melhorar suas propriedades nutricionais".

Uma grande atualização na legislação foi realizada por meio da Instrução Normativa n. 211, de 1° de março de 2023, no sentido de estabelecer as funções tecnológicas, os limites máximos e as condições de uso para os aditivos alimentares em uma extensa lista de alimentos. Essa instrução normativa define ainda 24 tipos de aditivos alimentares de acordo com sua função tecnológica:

1. **Acidulante:** substância que aumenta a acidez ou confere um sabor ácido aos alimentos.
2. **Agente carreador:** substância utilizada para dissolver, diluir, dispersar ou modificar fisicamente outros aditivos ou nutrientes do alimento sem

alterar sua função, com vistas a facilitar o manuseio, aplicação ou uso destes no alimento.

3. **Agente de firmeza:** substância que torna ou mantém os tecidos de frutas ou hortaliças firmes ou crocantes, ou interage com agentes gelificantes para produzir ou fortalecer um gel.
4. **Agente de massa:** substância que proporciona o aumento de volume ou da massa dos alimentos, sem contribuir significativamente para seu valor energético.
5. **Antiespumante:** substância que previne ou reduz a formação de espuma.
6. **Antioxidante:** substância que retarda o aparecimento de alteração oxidativa no alimento.
7. **Antiumectante:** substância capaz de reduzir as características higroscópicas dos alimentos e diminuir a tendência de adesão umas às outras das partículas individuais.
8. **Aromatizante:** substância ou mistura de substâncias com propriedades aromáticas ou sápidas, capazes de conferir ou reforçar o aroma ou sabor dos alimentos.
9. **Conservante ou conservador:** substância que impede ou retarda a alteração dos alimentos provocada por microrganismos ou enzimas.
10. **Corante:** substância que confere, intensifica ou restaura a cor de um alimento.
11. **Edulcorante:** substância diferente dos açúcares que confere sabor doce ao alimento.
12. **Emulsionante ou emulsificante:** substância que torna possível a formação ou manutenção de uma mistura uniforme de duas ou mais fases imiscíveis no alimento.
13. **Espessantes:** substância que aumenta a viscosidade de um alimento.
14. **Espumante:** substância que possibilita a formação ou a manutenção de uma dispersão uniforme de uma fase gasosa em um alimento líquido ou sólido.
15. **Estabilizante:** substância que torna possível a manutenção de uma dispersão uniforme de duas ou mais substâncias imiscíveis em um alimento.
16. **Estabilizante de cor:** substância que estabiliza, mantém ou intensifica a cor de um alimento.
17. **Fermento químico:** substância ou mistura de substâncias que liberam gás e, dessa maneira, aumentam o volume da massa.
18. **Gelificante:** substância que confere textura por meio da formação de um gel.
19. **Glaceante:** substância que, quando aplicada na superfície externa de um alimento, confere a ele uma aparência brilhante ou um revestimento protetor.

20. **Melhorador de farinha:** substância que, agregada à farinha, melhora sua qualidade tecnológica para os fins a que se destina.
21. **Realçador de sabor:** substância que ressalta ou realça o sabor ou aroma de um alimento.
22. **Regulador de acidez:** substância que altera ou controla a acidez ou alcalinidade dos alimentos.
23. **Sequestrante:** substância que forma complexos químicos com íons metálicos.
24. **Umectante:** substância que protege os alimentos da perda de umidade em ambiente de baixa umidade relativa ou que facilita a dissolução de uma substância seca em meio aquoso.

Muitas das funções tecnológicas apresentadas também fazem sentido para um produto com finalidades cosméticas (p. ex., acidulantes, antioxidantes, conservantes, corantes e sequestrantes), de modo que alguns dos aditivos alimentares também podem encontrar aplicações na indústria cosmética. A seguir serão apresentados os principais exemplos da lista acima que podem ter aplicações tanto em alimentos como em formulações cosméticas.

PRINCIPAIS CLASSES DE INGREDIENTES DE ALIMENTOS E DE FORMULAÇÕES COSMÉTICAS

Antioxidantes

Em termos químicos, a oxidação é um processo no qual um átomo ou molécula perde elétrons, que são cedidos a outro átomo ou molécula (agente oxidante) (Figura 2.1). Este é um processo fundamental em diversos processos químicos, incluindo aqueles que ocorrem nos sistemas biológicos. O processo de obtenção de energia por organismos vivos, por exemplo, baseia-se na maioria das vezes na oxidação de moléculas orgânicas (p. ex., carboidratos), cuja energia resultante pode ser convertida quimicamente em ligações de alta energia (p. ex., como as ligações entre fosfatos na molécula de trifosfato de adenosina – ATP) que são empregadas nos diferentes processos bioquímicos que requerem energia.

Em alguns casos, o processo de oxidação é indesejável. Um caso clássico é a oxidação de lipídios. Conforme será explicado adiante, os ácidos graxos insaturados (que formam óleos e gorduras) podem sofrer oxidação que resulta em alterações sensoriais, sendo o odor rançoso o aspecto mais

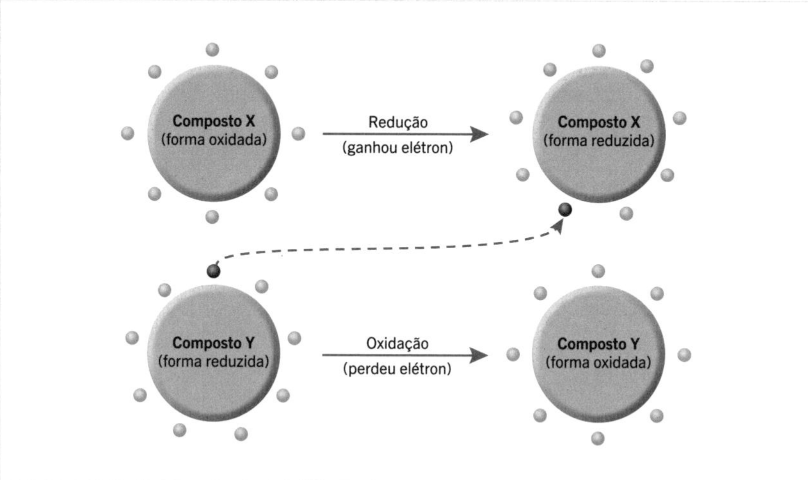

FIGURA 2.1 Reação de oxirredução genérica, que envolve a transferência de um elétron do composto Y para o composto X, que nesse caso atua como agente oxidante.

facilmente perceptível. Oxidações com efeitos colaterais indesejáveis também podem estar presentes nos sistemas biológicos. As chamadas espécies reativas de oxigênio (ERO) (Figura 2.2) são agentes químicos que podem ser formados como efeito colateral no metabolismo (p. ex., respiração, inflamação), podendo também ter origem exógena (p. ex., fumaça, radiação), e estão envolvidas em processos oxidativos que, em última análise, são responsáveis por efeitos como o envelhecimento, problemas nas articulações, a neurodegeneração, entre outros.

Por esse motivo, os antioxidantes surgem como atores fundamentais nos processos biológicos e também nas formulações de alimentos e cosméticos. Antioxidantes, como o nome sugere, são substâncias que previnem a oxidação ou que protegem os organismos vivos contra os danos do estresse oxidativo. Para ilustrar essa alegação, costuma-se recorrer à imagem de uma balança antiga (Figura 2.3). Nesse cenário, os seres vivos costumam apresentar sistemas antioxidantes que contrabalanceiam os efeitos deletérios causados pelas ERO, sendo o ideal que haja um equilíbrio entre as ERO e o efeito antioxidante. Porém, quando os efeitos das ERO excedem a capacidade de contraponto dos antioxidantes do organismo, ocorre o chamado estresse oxidativo. Nesses casos, sugere-se que antioxidantes exógenos (p. ex., provenientes da alimentação) devam ser incluídos para voltar ao equilíbrio dos efeitos dos ERO/antioxidantes.

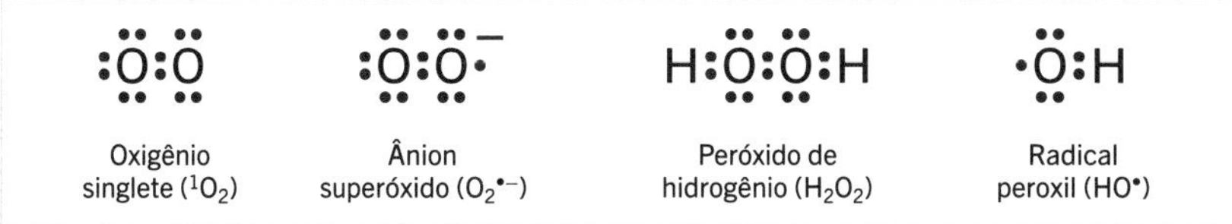

FIGURA 2.2 Principais espécies reativas de oxigênio.

De forma semelhante, alimentos e cosméticos muitas vezes precisam contar com antioxidantes em sua composição para evitar os efeitos deletérios que a oxidação pode causar nesses produtos, tal como acontece no processo de oxidação lipídica citado anteriormente. Para melhor compreensão sobre a necessidade do uso dos antioxidantes e sobre a maneira como eles agem, vale a pena observar de modo resumido e simplificado o processo de oxidação lipídica.

A oxidação lipídica ocorre em ácidos graxos (que formam os triacilgliceróis, os óleos e as gorduras) insaturados (RH), ou seja, naqueles que têm duplas ligações em sua molécula. Dessa forma, quanto maior o número de insaturações de ácidos graxos, ou óleos, maior a tendência à oxidação. Além do grau de insaturação, outros fatores são predisponentes à oxidação. Entre esses fatores, têm-se os grupos químicos, sendo os principais grupos suscetíveis à oxidação: fenóis (p. ex., hidroquinona), olefinas (p. ex., vitamina A, ácidos graxos não saturados, terpenos) e endióis (p. ex., ácido ascórbico). Tais grupos químicos estão presentes sobretudo em óleos essenciais, fra-

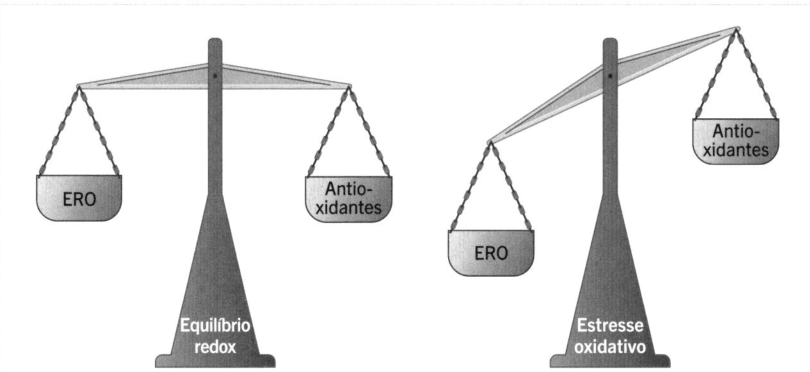

FIGURA 2.3 Equilíbrio redox, quando os antioxidantes contrabalanceiam os efeitos deletérios das espécies reativas de oxigênio (ERO), e estresse oxidativo, quando a ação das ERO excede a capacidade dos agentes antioxidantes de se contraporem aos efeitos deletérios.

grâncias oleosas, mono e diglicerídeos fosfolipídios, corantes e pigmentos, tensoativos, produtos naturais, vitaminas, gorduras vegetais e animais, que são as principais substâncias sujeitas à oxidação.

Na presença de luz e fotossensibilizadores, calor, metais de transição ou radicais livres, essas moléculas insaturadas perdem um átomo de hidrogênio ($H^\bullet$), formando um radical alcenil ($R^\bullet$) que, por sua vez, pode reagir com oxigênio (O_2), resultando em um radical hidroperoxil ($ROO^\bullet$). O radical hidroperoxil ($ROO^\bullet$), ao reagir com outro ácido graxo (RH), forma um hidroperóxido (ROOH) e um novo radical alcenil ($R^\bullet$), que reinicia o ciclo de formação de hidroperóxidos (ROOH) (esse é, portanto, um processo autocatalítico). Esses hidroperóxidos também podem ser formados diretamente a partir dos ácidos graxos na presença da enzima lipoxigenase. Por fim, os hidroperóxidos podem ser decompostos, formando novos radicais livres (p. ex., $R^\bullet$, $RO^\bullet$ e $ROO^\bullet$), que, por sua vez, podem se combinar ou sofrer clivagens, resultando na formação de álcoois, aldeídos, cetonas ou hidrocarbonetos. Quando voláteis, esses então chamados "produtos secundários" conferem o odor de ranço característico de produtos que passam por esse processo (Figura 2.4).

Um dos principais "produtos secundários" é o malonaldeído, formado a partir da oxidação do ácido alfa-linolênico e cuja determinação é a base para um dos métodos para avaliação da capacidade antioxidante de algumas amostras, o teste de TBARS (do inglês: *Thiobarbituric Acid Reactive Substances*, ou Substâncias Reativas ao Ácido Tiobarbitúrico). Assim, a principal consequência das reações oxidativas é a formação de produtos de degradação, que consequentemente podem afetar características sensoriais do produto (p. ex., odor, cor), além de poderem ter implicações toxicológicas.

Os antioxidantes podem atuar para impedir que essa oxidação lipídica (ou oxidação de outros compostos sensíveis da formulação) ocorra nos produtos alimentícios e cosméticos. Isso ocorre porque os antioxidantes podem "inativar" os radicais livres ou uma espécie de oxigênio mais reativa (oxigênio singlete, $^1O_2$, que também pode participar dos processos oxidativos), ou ainda atuar por outros mecanismos, tais como inativar fotossensibilizadores, quelar metais pró-oxidantes ou inibir a ação da lipoxigenase (Figura 2.5). Uma das principais formas de atuação dos antioxidantes, que é a captura/inativação dos radicais livres, costuma sempre levantar uma dúvida: se, nesse caso, os antioxidantes perdem um átomo de hidrogênio ($H^\bullet$), eles também formam um radical. Por que, então, a reação autocatalítica não prossegue? A explicação está no fato de que o radical livre formado a partir

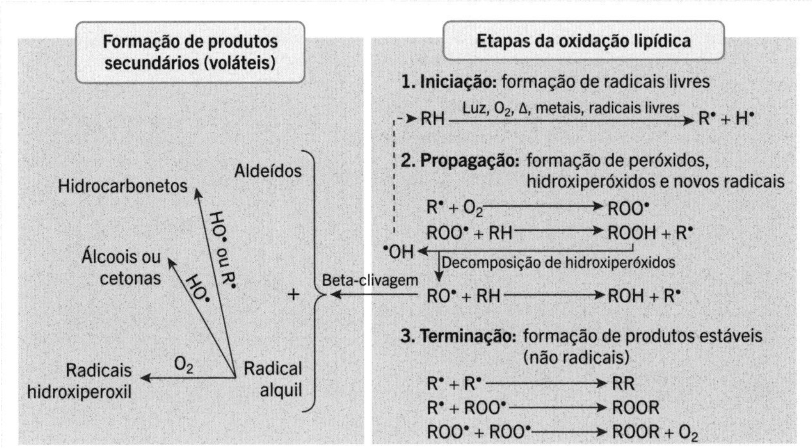

FIGURA 2.4 Etapas da oxidação lipídica em ácidos graxos insaturados (RH) e formação de compostos secundários voláteis que são responsáveis pelas alterações sensoriais (odor de ranço).

da molécula antioxidante é, diferentemente dos casos citados anteriormente, estável e não reativa. Assim, a oxidação lipídica não pode ser evitada ou paralisada completamente, de tal forma que se obtenha aumento significativo de sua estabilidade e da vida útil do produto (Chorilli et al., 2007).

Para inibir ou bloquear adequadamente o processo de formação de radicais livres, os antioxidantes devem apresentar um potencial redox inferior ao do produto que pretendem proteger, ou seja, eles devem oxidar primeiro que essa substância. A maior proteção dos sistemas sensíveis à oxidação consiste na adição de substâncias que inibem o processo de oxidação (Monteiro e Silva et al., 2017; Fonseca-Santos et al., 2017).

Diante do exposto, torna-se evidente que muitas formulações cosméticas ou produtos alimentícios, especialmente aqueles com alto teor lipídico ou com outras substâncias sensíveis à oxidação, precisam ter antioxidantes em suas composições. Esses componentes devem apresentar como características principais: serem inertes fisiologicamente; serem compatíveis com os outros componentes da formulação; serem adicionados antes do início da reação de oxidação; serem inodoros, insípidos e incolores.

Uma das principais classificações dos antioxidantes é aquela que os divide entre lipofílicos e hidrofílicos. Os antioxidantes lipofílicos são aqueles que apresentam maior afinidade pela fase oleosa, como tocoferóis, NDGA, BHA, BHT, galato de propila, ésteres do ácido ascórbico. Já os antioxidantes hidrofílicos são aqueles que apresentam maior afinidade pela fase

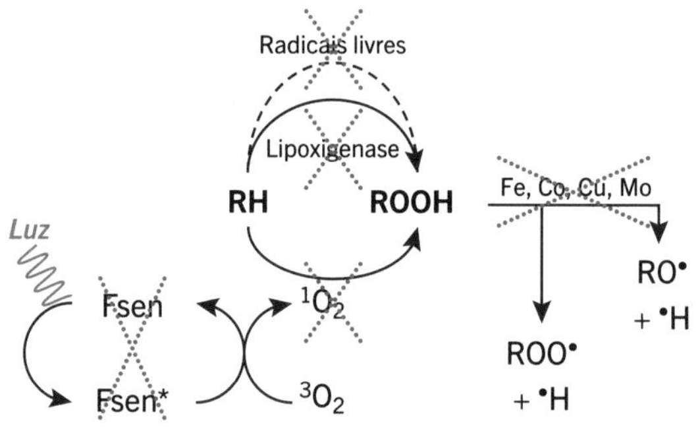

FIGURA 2.5 Diferentes pontos (com X pontilhado) nos quais os antioxidantes podem agir de modo a impedir a oxidação lipídica.

aquosa, como combinações inorgânicas contendo enxofre, combinações orgânicas sulfuradas e ácido ascórbico. Alguns desses antioxidantes apresentam também propriedades vitamínicas, como o ácido ascórbico (vitamina C) e tocoferóis (vitamina E). Alguns (p. ex., ascorbatos e eritorbatos) são simplesmente os respectivos ácidos (ácido ascórbico ou eritórbico) em sua forma ionizada (forma de sais, que são mais solúveis em água). Por fim, há ainda aqueles que são modificações ou apresentam estruturas análogas entre si, tais como o ácido eritórbico, que é um isômero do ácido ascórbico (mas sem propriedades vitamínicas), e o palmitato de ascorbila, que consiste em um ácido ascórbico quimicamente modificado para tornar-se mais lipossolúvel.

Assim, os principais antioxidantes que, conforme a legislação vigente, podem ser empregados em alimentos são listados na Tabela 2.1. Vale destacar que outros componentes podem ter ação antioxidante, embora esta não seja sua função primária ou original (p. ex., lecitina, sulfito/bissulfito/metabissulfito, citrato, lactato, tartarato). No caso dos cosméticos, não há na legislação brasileira uma lista com todos os antioxidantes permitidos para uso, e suas respectivas faixas de concentrações permitidas. Porém, conforme argumento exposto ao longo deste livro, considera-se que cosmetróficos sejam formulados seguindo a legislação de alimentos, devendo obedecer aos limites mais restritivos da Tabela 2.1, desde que isso não conflite com a legislação referente a cosméticos.

No entanto, conforme explicado anteriormente, antioxidantes são também fundamentais para contrabalancear o estresse oxidativo no corpo, que pode ser causado por processos naturais (p. ex., envelhecimento, inflamação) ou agentes externos (p. ex., poluição, luz solar). Por esse motivo, antioxidantes costumam ser adicionados a formulações cosméticas ou produtos alimentícios também com a intenção de proteger o corpo contra processos deletérios. Assim, a seguir serão abordadas as estratégias ou vantagens de utilização de antioxidantes em cosméticos e alimentos com a finalidade de promoção da saúde e melhora na qualidade de vida.

A aplicação tópica de antioxidantes representa uma abordagem atrativa de proteção cutânea contra o estresse oxidativo ocasionado por diferentes agentes, afinal se torna intuitivo que a aplicação tópica de antioxidantes possa neutralizar alguns dos radicais livres gerados nesse processo, levando à diminuição ou à prevenção dos sinais do envelhecimento cutâneo e dos danos causados pela radiação ultravioleta e eritema pós-inflamatório (p. ex., pós-tratamento com *laser*).

Porém, para a administração tópica de antioxidantes ser efetiva na prevenção e eliminação dos radicais livres da pele, é fundamental garantir a estabilidade da formulação final, já que os antioxidantes são muito instáveis, podendo oxidar facilmente, tornando-se inativos antes de alcançar seu local de ação. Além disso, os agentes antioxidantes devem ser corretamente absorvidos na pele, para alcançar camadas mais profundas na forma ativa, e permanecer lá por tempo suficiente para proporcionar os efeitos desejados.

Por outro lado, o produto cosmético deve ser estável durante as etapas de produção, envasamento, estocagem, comercialização, distribuição e utilização pelo consumidor, de maneira segura e estável. Por isso, a adição de antioxidantes também é importante para a preservação das características desejáveis do produto. A fragrância e a cor de um produto cosmético, por exemplo, são fatores decisivos em sua aceitação pelo consumidor. Assim, a proteção da oxidação lipídica é relevante, visto que muitos produtos têm vida útil limitada devido à oxidação dos componentes da formulação, que pode acarretar alteração da fragrância e cor do produto.

Aromatizantes e fragrâncias

O odor de um produto é um atributo sensorial fundamental para sua aceitação. E não é preciso recorrer a muitos argumentos científicos para embasar essa alegação. Basta a simulação mental de um produto malcheiroso para justificar que essa característica afugentaria as pessoas do contato com ele. Portanto, é essencial que os alimentos e cosméticos tenham um odor atrativo. Caso este não esteja originalmente presente, a adição de substâncias voláteis odoríferas pode se tornar necessária para melhorar esse aspecto sensorial do produto.

No caso de alimentos, os compostos voláteis podem atingir o epitélio nasal, responsável por sua detecção, por duas vias: a ortonasal (inalação) e a retronasal (a partir da cavidade bucal, que se comunica internamente com a cavidade nasal). Alguns autores consideram que aroma é o nome dado à sensação atribuída aos voláteis percebidos pela segunda via. Em cosméticos, por outro lado, não há previsão de ingestão do produto, de modo que a percepção dos voláteis ocorre apenas por via ortonasal. Em tais produtos cosméticos, bem como na área de perfumaria e produtos de cuidados com a casa, os produtos odoríferos empregados em suas formulações são chamados de fragrâncias.

Dentre os principais ingredientes empregados tanto em alimentos como em cosméticos com a finalidade de aromatizante/fragrância, destacam-se os óleos essenciais. Estes costumam ser uma mistura de substâncias voláteis produzidas por plantas com a finalidade de proteção ou de sinalização. Vale destacar que muitos desses óleos essenciais apresentam também atividade antimicrobiana, podendo igualmente atuar como conservantes em alimentos e cosméticos. Além dessa propriedade, os óleos essenciais (ou seus componentes) podem desempenhar diversas funções biológicas de interesse (p. ex., ação anti-inflamatória e antioxidante), o que favorece seu uso para além da sua propriedade odorífera desejável. Como exemplos específicos destacam-se os mono ou sesquiterpenos, que são componentes voláteis majoritários de uma série de óleos essenciais (Tabela 2.2) e que exercem diversas funções fisiológicas que auxiliam na prevenção de diferentes doenças.

Além dos terpenos, outro grupo importante de compostos de aroma são os ésteres, que em termos químicos correspondem ao produto de uma reação entre um ácido e um álcool (Figura 2.6). Muitos desses compostos estão comumente associados a aromas frutais e estão na lista dos principais compostos de aroma em diversas frutas e em alguns produtos fermentados. Os ésteres cíclicos, conhecido como lactonas, também são importantes no aroma de algumas frutas (p. ex., coco, pêssego) e costumam atribuir uma sensação de cremosidade aos alimentos em que estão presentes. Por fim, existem vários outros tipos de compostos químicos, como aldeídos, cetonas, álcoois, entre outros, que podem resultar em uma infinidade de sensações agradáveis ou não, variando desde notas "verdes" (como o de folhas recém-cortadas) a aromas que lembram cogumelo, baunilha, amêndoas ou que remetem a produtos lácteos, por exemplo. Na verdade, a sensação provocada por esses compostos nem sempre é agradável, o que resulta nos indesejáveis aromas conhecidos como "*off-flavors*".

TABELA 2.1 Alguns dos principais exemplos de antioxidantes com uso autorizado em alimentos e algumas das principais características e exemplos de uso

Antioxidante	S	Faixa usualmente permitida (mg/kg ou mg/L)	Exemplos de produtos alimentares com uso autorizado
Ácido ascórbico ou ascorbatos	H	100-*quantum satis*	Produtos lácteos, margarinas, gelados, geleias, doces de frutas ou vegetais, sucos, néctares, polpas, vegetais descascados ou picados, vegetais secos ou desidratados, picles, balas e caramelos, goma de mascar, cereais matinais, farinha de trigo, massas alimentícias, produtos de panificação, produtos cárneos processados cozidos, sopas e caldos, molhos emulsionados, cerveja
Ácido eritórbico ou eritorbato	H	100-*quantum satis*	Produtos lácteos, margarinas, gelados, geleias, vegetais secos ou desidratados, picles, balas e caramelos, goma de mascar, cereais matinais, produtos de panificação, produtos cárneos processados cozidos, sopas e caldos, molhos emulsionados e maionese, cerveja
SO_2, sulfito, bissulfito ou metabissulfito	H	30-300	Sucos, néctares, polpas, vegetais descascados ou picados, picles, cereais processados, cervejas, vinhos
Palmitato de ascorbila	L	80-500	Gordura anidra de leite, óleos e gorduras vegetais ou animais, margarinas, gelados, vegetais secos ou desidratados, balas e caramelos, goma de mascar, cereais matinais, farinha de trigo, massas alimentícias, produtos de panificação, sopas e caldos, molhos emulsionados e maionese

(continua)

TABELA 2.1 Alguns dos principais exemplos de antioxidantes com uso autorizado em alimentos e algumas das principais características e exemplos de uso (*continuação*)

Antioxidante	S	Faixa usualmente permitida (mg/kg ou mg/L)	Exemplos de produtos alimentares com uso autorizado
Butil-hidroxitolueno (BHT)	L	50-750	Gordura anidra de leite, óleos e gorduras vegetais ou animais, margarinas, gelados, vegetais secos ou desidratados, balas e caramelos, goma de mascar, cereais processados, cereais matinais, farinha de trigo, massas alimentícias, produtos de panificação, produtos cárneos processados cozidos, sopas e caldos, molhos emulsionados e maionese
Butil-hidroxianisol (BHA)	L	50-400	Gordura anidra de leite, óleos e gorduras vegetais ou animais, margarinas, gelados, vegetais secos ou desidratados, balas e caramelos, goma de mascar, cereais processados, cereais matinais, farinha de trigo, massas alimentícias, produtos de panificação, produtos cárneos processados cozidos, sopas e caldos, molhos emulsionados e maionese
Alfa-tocoferol ou mistura concentrada de tocoferóis	L	100-6.000	Óleos e gorduras vegetais ou animais, margarinas, gelados, balas e caramelos, goma de mascar, cereais matinais, farinha de trigo, massas alimentícias, produtos de panificação, produtos cárneos processados cozidos, sopas e caldos, molhos emulsionados e maionese

H: hidrossolúvel; L: lipossolúvel; S: solubilidade.

TABELA 2.2 Principais componentes de alguns óleos essenciais

Óleo essencial	Principais componentes (%)	Estrutura
Capim-limão	Geranial (35-50)	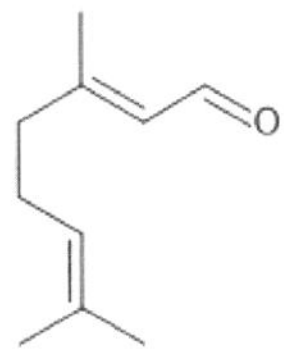
	Neral (25-40)	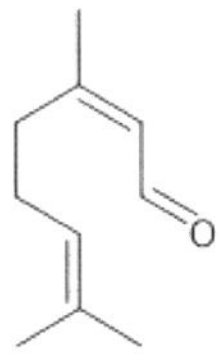
Eucalipto	1,8-cineol (≥70)	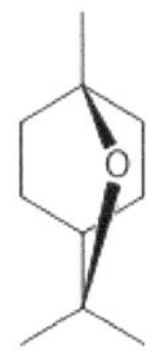
Gengibre	Zingibereno (34)	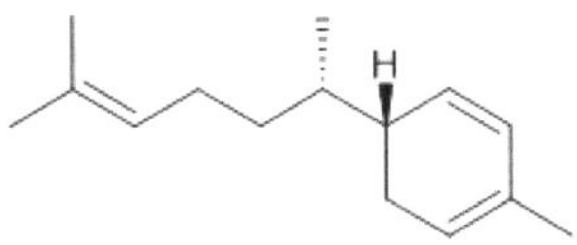
	Beta-sesquifelandreno (12)	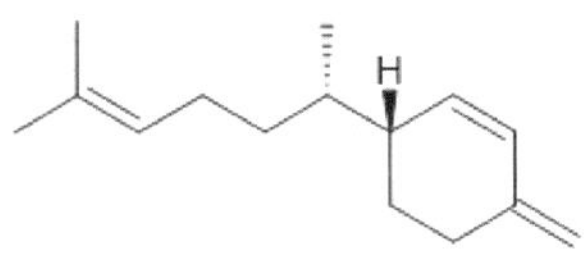
Hortelã	R-(−)-carvona (50-80)	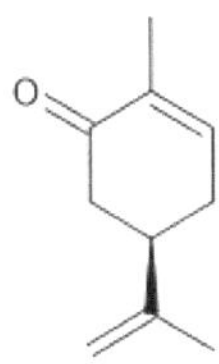

(continua)

TABELA 2.2 Principais componentes de alguns óleos essenciais (*continuação*)

Óleo essencial	Principais componentes (%)	Estrutura
Laranja	R-(+)-limoneno (92-97)	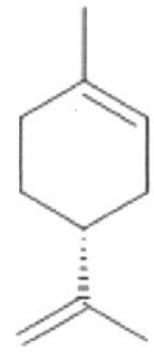
Lavanda	Acetato de linalila (25-46)	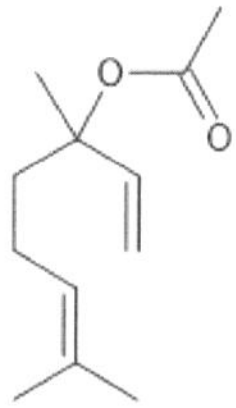
	Linalool (20-45)	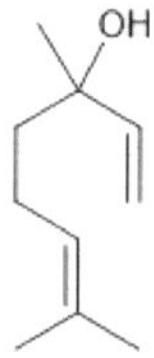
Melaleuca	R-(−)-terpinen-4-ol (≥30)	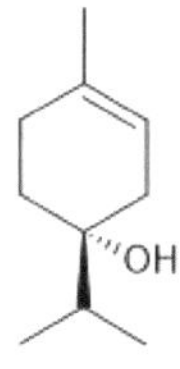
Orégano	Carvacrol (≥60)	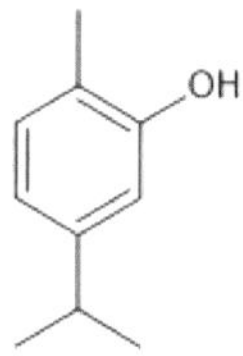

(continua)

TABELA 2.2 Principais componentes de alguns óleos essenciais (*continuação*)

Óleo essencial	Principais componentes (%)	Estrutura
Rosa	Citronelol (29-55)	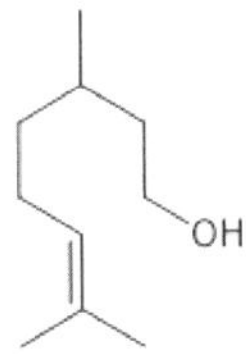
	Geraniol (14-27)	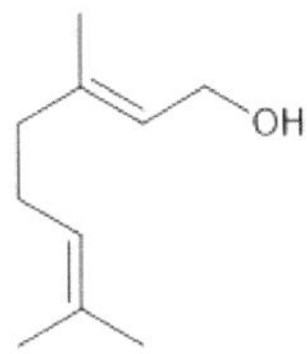
Sândalo	Alfa-santalol (45-55)	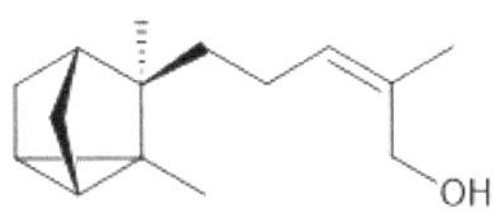
	(–)-beta-santalol (18-24)	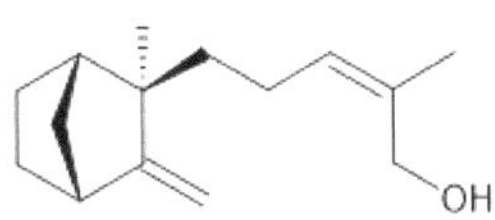
Tomilho	Timol (36-55)	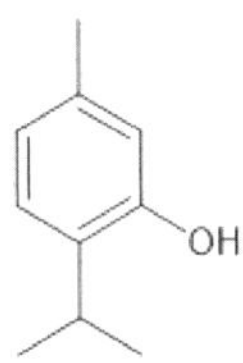

Fonte: Hüsnü et al. (2007); Dubnicka et al. (2020).

Nesse momento, vale uma importante definição no estudo de aromas. Em alguns casos, apenas um composto principal remete ao aroma do alimento em que ele é encontrado. Como exemplo típico, o acetado de isoamila, componente mais importante na fração volátil da banana, tem um aroma que imediatamente lembra essa fruta. Este, assim como os exemplos apresentados na Figura 2.7, ilustra um caso de "composto de impacto". Porém, em vários outros casos, o que ocorre é que os aromas chamados "complexos" não apresentam um único composto que remete a eles. É o caso de produtos

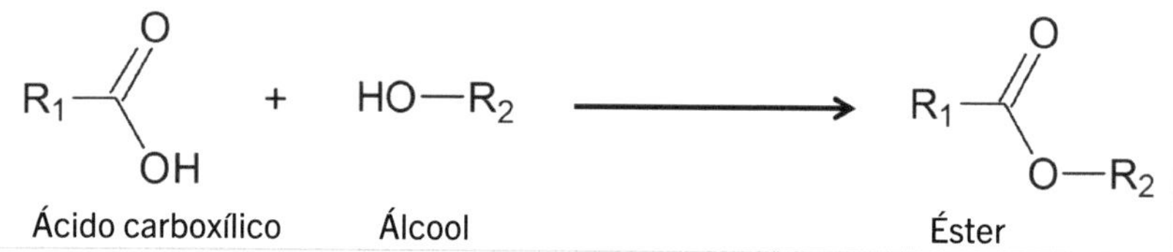

FIGURA 2.6 Ésteres, produtos de uma reação entre um ácido carboxílico e um álcool, correspondem a um grupo muitas vezes associado a aromas frutais.

como carne grelhada, vinho, café, pão, entre outros, cujos aromas são resultado de uma interação complexa entre vários compostos odoríferos, sendo que pequenas variações na composição de voláteis podem representar alterações significativas no aroma percebido. Assim, na maioria das vezes, a elaboração de um aroma ou fragrância envolve a mistura de diferentes compostos, cujo resultado depende de um ajuste muito delicado feito por aromistas. Essas misturas (comprados como "aromas/aromatizantes"), cuja composição geralmente não é divulgada, além dos óleos essenciais, é o que normalmente está à disposição para as empresas que formulam alimentos ou cosméticos.

Conservantes

Os problemas decorrentes do crescimento microbiano em alimentos têm sido manifestados desde os primórdios da civilização. Assim, por muito tempo, buscou-se desenvolver métodos capazes de evitar o desenvolvimento microbiano nos alimentos com a finalidade de impedir processos deteriorativos, intoxicações ou infecções causados por produtos contaminados com esses agentes biológicos. Assim surgiram os métodos tradicionais de preservação, cujos principais exemplos são secagem, salga, defumação, acidificação. Porém, em anos mais recentes, descobriu-se que determinadas substâncias também poderiam ter o papel de conservar os alimentos, de modo que hoje há uma lista de compostos que podem ser empregados em alimentos com essa finalidade (Tabela 2.3). No caso de cosméticos, muitos dos compostos listados na Tabela 2.3 também podem ser empregados como conservantes, além de outros sem previsão de uso em alimentos (Tabela 2.4). No entanto, este livro aborda apenas os conservantes com uso autorizado para alimentos, pois são compatíveis com os cosmetróficos.

Vale destacar que muitos alimentos ou seus componentes podem conter substâncias antimicrobianas, com ação conservante, naturalmente presentes

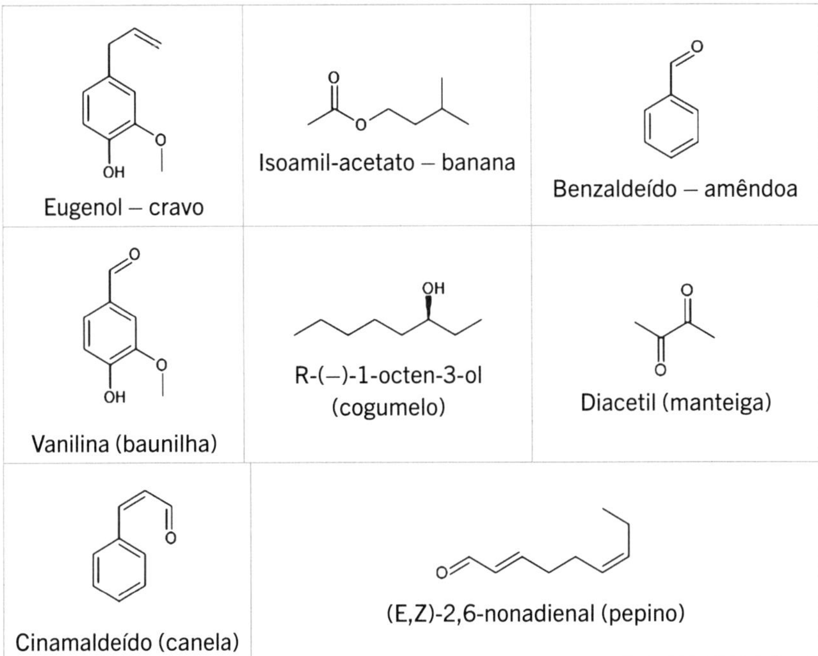

FIGURA 2.7 Exemplos de estrutura de aroma de impacto em alguns alimentos (além das substâncias apresentadas na Tabela 2.2, que são "compostos de impacto" de suas respectivas matérias-primas).

TABELA 2.3 Conservantes permitidos em alimentos

Conservante	Faixa usualmente permitida (mg/kg ou mg/L)	Exemplos de alguns produtos alimentares com uso autorizado
Ácido sórbico ou sorbatos	200-2.000	Bebidas lácteas, queijos, doce de leite, margarinas, geleias, doces de frutas, sucos, néctares e polpas de frutas, leite de coco, cereais matinais, farinha de trigo, massas frescas, pães, bolos, produtos cárneos secos, adoçantes, sopas e caldos, maionese, vinhos, refrigerantes

(continua)

TABELA 2.3 Conservantes permitidos em alimentos (*continuação*)

Conservante	Faixa usualmente permitida (mg/kg ou mg/L)	Exemplos de alguns produtos alimentares com uso autorizado
Ácido benzoico ou benzoatos	500-2.000	Margarinas, geleias, doces de frutas, sucos, néctares e polpas de frutas, leite de coco, adoçantes, refrigerantes
Ácido propiônico ou propionatos	1.000-*quantum satis*	Margarinas, farinha de trigo, massas frescas, pães, biscoitos, bolos, produtos cárneos cozidos, sopas e caldos, refrigerantes
SO_2, sulfito, bissulfito ou metabissulfito	40-300	Geleias, doces de frutas, leite de coco, vegetais secos ou desidratados, vinhos, refrigerantes
Lisozima	25-500	Queijos, produtos cárneos cozidos, vinhos
Nitrato	50-300	Queijos, produtos cárneos
Nitrito	150	Produtos cárneos
Nisina	12,5	Queijos
Natamicina	5-20 (superfície)	Queijos, produtos cárneos secos

em suas composições. É o caso, por exemplo, do ácido acético presente no vinagre, do etanol de bebidas destiladas, dos compostos terpênicos dos óleos essenciais (ver a seção "Aromatizantes e fragrâncias", no Capítulo 2), além de outros compostos produzidos durante processos fermentativos (ver a seção "Compostos antimicrobianos", no Capítulo 4). Assim, esses produtos mais complexos podem também atuar com propriedades conservantes em formulações.

A Resolução da Anvisa RDC n. 528, de 4 de agosto de 2021, dispõe sobre a lista de substâncias de ação conservante permitidas para produtos de higiene pessoal, cosméticos e perfumes e internaliza a Resolução GMC Mercosul n. 35/20. Segundo essa legislação, conservantes são substâncias adicionadas como ingredientes aos produtos de higiene pessoal, cosméticos e perfumes com a finalidade de inibir o crescimento de microrganismos durante sua fabricação e estocagem ou de proteger os produtos da contaminação inadvertida durante o uso. A Tabela 2.4 ilustra algumas substâncias de ação conservante permitidas para produtos de higiene pessoal, cosméticos e perfumes.

É importante frisar que a Tabela 2.3 não inclui os parabenos (metil e etil). Em alimentos, eles têm adição autorizada em alguns produtos específicos –

TABELA 2.4 Exemplos de substâncias de ação conservante permitidas para produtos de higiene pessoal, cosméticos e perfumes

Substância	Nomes INCI	Concentração[a]
Imidazolidinil ureia	Imidazolidinyl urea	0,6%
2-fenoxietanol	Phenoxyethanol	1%
Álcool benzílico	Benzyl alcohol	1%
Benzil-hemiformal	Benzylhemiformal	0,15%[b]
Ácido sórbico e seus sais	Sorbic acid/calcium sorbate/sodium sorbate/potassium sorbate	0,6%[c]
Sulfitos e bissulfitos inorgânicos*	Sodium sulfite/ammonium bisulfite/ammonium sulfite/potassium sulfite/potassium hydrogen sulfite/sodium bisulfite/sodium metabisulfite/potassium metabisulfite	0,2%[d]
Ácido benzoico e respectivo sal de sódio*	Benzoic acid/sodium benzoate	2,5%[ce] 1,7%[cf] 0,5%[cg]
Ácido propiônico e seus sais	Propionic acid/ammonium propionate/calcium propionate/magnesium propionate/potassium propionate/sodium propionate	2%c
1,3-dimetilol-5,5-di metil hidantoína	DMDM hydantoin	0,6%
2-feniletanol	Phenethyl alcohol	1%

Compostos em negrito podem também ser empregados em alimentos, conforme a Tabela 2.3.
* Conservantes que também podem ser usados para outros fins específicos, devendo ser respeitadas as condições e os limites de concentrações estabelecidos em outras listas, quando houver.
[a] Concentração máxima autorizada.
[b] Proibido em produtos sem enxágue.
[c] Expresso como ácido.
[d] Expresso como SO_2 livre.
[e] Produtos com enxágue, exceto os produtos para uso bucal.
[f] Produtos para uso bucal.
[g] Produtos sem enxágue.
INCI: International Nomenclature of Cosmetic Ingredient.

como em pescado e produtos de pescado marinados e escabechados, ovas, adoçantes, suplementos alimentares, bebidas não alcoólicas, petiscos, sementes oleaginosas e nozes, bebidas não alcoólicas à base de soja – em concentrações que variam de 300 a 1.500 mg/kg ou mg/L. Essas substâncias são tradicionalmente empregadas em produtos cosméticos (RES 528, 2021) mas há um movimento na indústria que busca evitar a adição de tais compostos.

Colorantes

Colorantes são substâncias capazes de conferir cor a um produto, sendo incorporados seja em uma forma solúvel (corantes) ou insolúvel (pigmentos). Assim, como estão intimamente relacionados com a aparência, são componentes fundamentais para a aceitação tanto de alimentos como de cosméticos por parte dos consumidores. Porém, em alguns casos, as funções desses colorantes vão além da função de conferir, melhorar, restaurar, reforçar ou uniformizar a cor, pois eles também podem proteger os demais componentes de uma formulação, por exemplo, contra efeitos deletérios da luz ultravioleta. Nesse sentido, vale destacar que comumente os colorantes são também antioxidantes e alguns deles apresentam atividade vitamínica (p. ex., o betacaroteno).

Os principais exemplos de moléculas colorantes naturalmente presentes em alimentos são (conforme apresentado na Figura 2.8):

- **Carotenoides:** é a principal classe de pigmentos de origem natural e confere coloração que vai do amarelo ao vermelho, passando pelo laranja, especialmente em frutas de origem tropical. Além disso, muitos desses pigmentos são antioxidantes que desempenham uma série de funções biológicas fundamentais que vão desde a atividade provitamínica A até a ação de prevenção contra manifestação do câncer e de doenças cardiovasculares, passando por efeitos mais específicos como o fortalecimento do sistema imune e a diminuição do risco de degeneração macular e catarata. Quimicamente, eles podem ser divididos entre aqueles compostos contendo apenas carbono e hidrogênio (hidrocarbonetos, nesse caso chamados de carotenos) e aqueles contendo também oxigênio na molécula (nesse caso chamados de xantofilas). Eles podem perder cor (oxidações, isomerizações) na presença de metais, luz, oxigênio, calor, enzimas, ácidos e radicais livres. Como principais exemplos, destacam-se o betacaroteno e o licopeno (carotenos), além da zeaxantina e da astaxantina (xantofilas). Como derivado de clivagem oxidativa de carotenoides (apocarotenoides), o principal exemplo é a bixina, que confere a cor avermelhada ao urucum.
- **Antocianinas:** as antocianinas são pigmentos com cor variando do vermelho ao roxo que conferem a coloração típica de algumas flores e frutos, especialmente os de regiões temperadas. Quando perdem a

parte glicídica da molécula, tornam-se menos hidrossolúveis e passam a ser chamadas de antocianidinas (formas agliconas das antocianinas). Além de antioxidantes, esses compostos polifenólicos trazem uma série de propriedades biológicas benéficas, como ação anti-inflamatória, diminuição do risco de doenças cardiovasculares e câncer. Uma particularidade importante dessa classe de pigmentos é a elevada sensibilidade a variações do pH, o que pode ser visualizado nos experimentos clássicos e lúdicos de mistura de suco de repolho roxo com soluções de diferentes valores de pH. O resultado é um degradê de cor que parte do vermelho (valores mais baixos de pH), passando pelo roxo (valores de pH mais próximos da neutralidade), azul, verde até o amarelo (soluções mais fortemente alcalinas). Também podem sofrer descoloração enzimática (polifenoloxidases), por sulfitação ou na presença de ácido ascórbico. O principal exemplo dessa classe é a cianidina.

- **Betalaínas:** são uma classe de pigmentos com coloração que pode variar do amarelo ao vermelho e que confere a coloração característica de produtos como beterraba e pitaia. Diferentemente das antocianinas, as betalaínas são estáveis em valores de pH variando do ácido ao neutro, com estabilidade ótima entre pH 5 e 6. O principal exemplo desse grupo de substâncias é a betanina.
- **Porfirinas:** porfirinas são moléculas heterocíclicas com estrutura tetrapirrólica usualmente com íons metálicos coordenados aos átomos de hidrogênio centrais. Em vegetais, destacam-se as clorofilas a e b, de coloração verde e com ação protetora contra o dano oxidativo, além de propriedades antimutagênicas. São sensíveis à perda de cor na presença de ácidos e calor. No caso dos animais, tem-se a mioglobina, cuja coloração vermelho-púrpura pode variar dependendo da presença de oxigênio, agentes oxidantes, calor ou outros modificadores de cor (como o óxido nítrico, no caso das carnes curadas).
- **Melaninas:** são estruturas complexas, de coloração amarronzada, resultante da polimerização de ortoquinonas formadas enzimaticamente a partir de ortodifenóis, que por sua vez podem ser formados pela oxidação de monofenóis pela ação da tirosinase. Esse processo, que ocorre de forma análoga na pele, é o responsável pelo chamado "escurecimento enzimático" que ocorre em frutas e vegetais (p. ex., banana, maçã, batata) após o corte ou o dano físico. Conforme será abordado em outro momento neste livro (ver a seção "O que é e como evitar o escurecimento enzimático em alimentos", no Capítulo 3), esse é um processo que pode ser evitado, entre outras formas, pela adição de ácidos (p. ex., ácido cítrico), agentes quelan-

tes (p. ex., EDTA), agentes redutores ou antioxidantes (p. ex., sulfito/bissulfito/metabissulfito, ácido ascórbico) ou outros inibidores enzimáticos. Porém, vale destacar que esse escurecimento é desejável em alguns casos, como em uva-passa, ameixa seca, café, chá e cacau.

- **Outros:** além dos compostos mencionados, outras substâncias colorantes podem estar naturalmente presentes em alimentos ou demais produtos naturais, destacando-se a curcumina, composto amarelo presente no açafrão-da-terra (*Curcuma longa*), com propriedades anti-inflamatória, antioxidante e antimutagênica; e o ácido carmínico, responsável pela coloração avermelhada do inseto cochonilha-do-carmim (*Dactylopius coccus*). Vale a pena mencionar também os biopigmentos oriundos de microrganismos, que têm potencial uso nas indústrias de alimentos e farmacêutica (ver as seções "Colorantes, vitaminas e compostos relacionados", no Capítulo 4, e "Compostos biotecnológicos em formulações cosméticas", no Capítulo 6).

Há também os corantes de origem sintética que podem ser empregados na elaboração de alimentos. Eles são divididos em quatro classes: os do tipo azo, trifenilmetano (TFM), índigo ou xantina (Figura 2.9). Por fim, há ainda os corantes caramelo (tipos I, II, III e IV), cujos processos de produção envolvem o aquecimento de carboidratos na presença de ácidos ou álcalis em combinação ou não com sulfito ou amônia, resultando em um produto de coloração variando do amarelo ao marrom-escuro (quase preto). A Tabela 2.5 apresenta os principais corantes permitidos pela legislação de alimentos no Brasil.

A RDC n. 628/2022 dispõe sobre a lista de substâncias corantes permitidas para produtos de higiene pessoal, cosméticos e perfumes e internaliza a Resolução GMC Mercosul n. 16/2012. Pela RDC é possível verificar que existem substâncias corantes permitidas para todos os tipos de produtos, exceto aqueles que são aplicados na área dos olhos; além de substâncias corantes permitidas exclusivamente em produtos que não entram em contato com mucosas nas condições normais ou previsíveis de uso; e substâncias corantes permitidas exclusivamente em produtos que tenham breve tempo de contato com a pele e cabelos.

Emulsificantes (tensoativos) e lipídios

Como é amplamente conhecido, água e óleo não se misturam. Na verdade, quando ambos são misturados, a depender do vigor, uma suspensão branca e opaca é formada, mas ela logo se separa. Os emulsificantes são

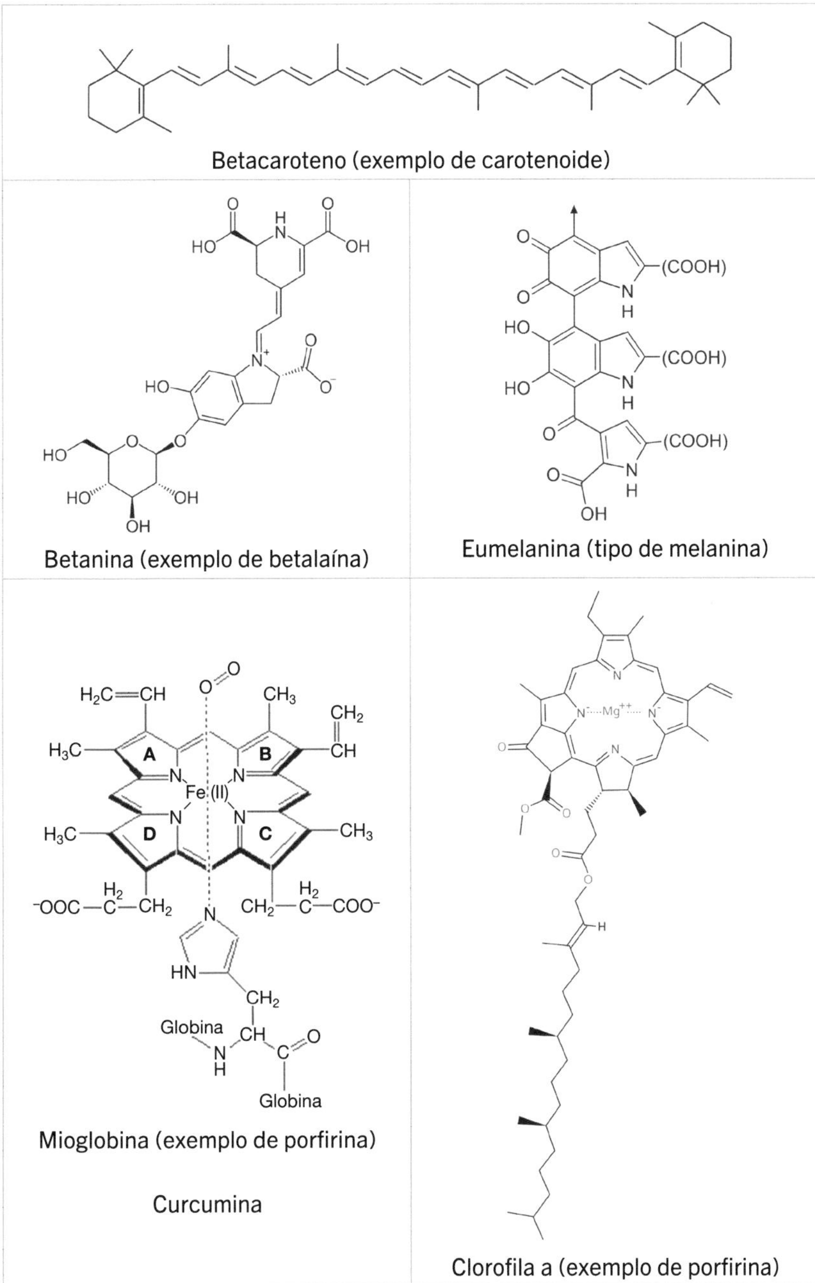

FIGURA 2.8 Principais classes de moléculas colorantes naturalmente presentes nos alimentos. (*continua*)

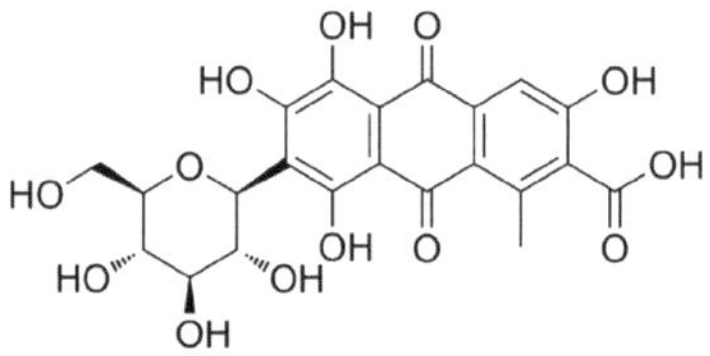	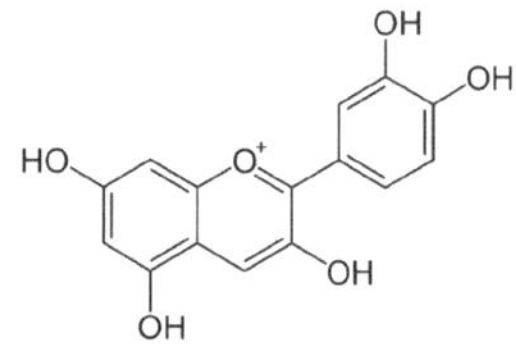
Ácido carmínico	Cianidina (exemplo de antocianina)

FIGURA 2.8 Principais classes de moléculas colorantes naturalmente presentes nos alimentos (*continuação*).

Tipo azo	Tipo TFM
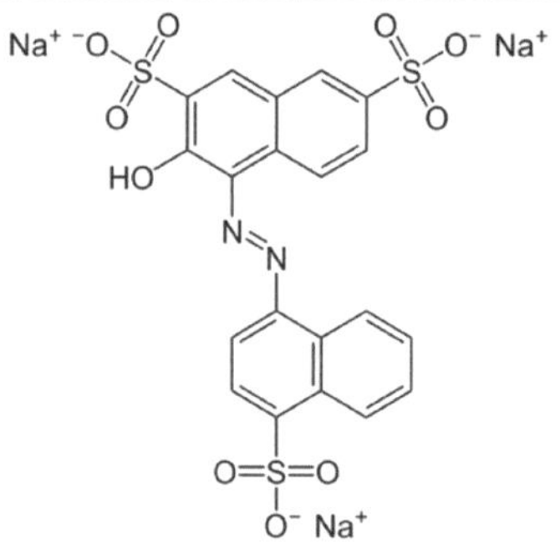 Amaranto	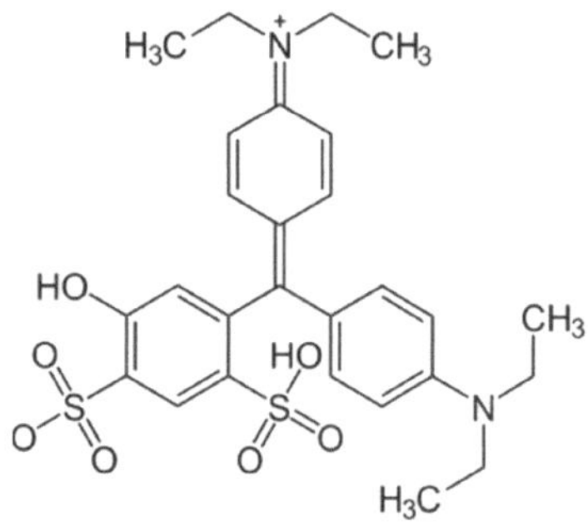 Azul patente V
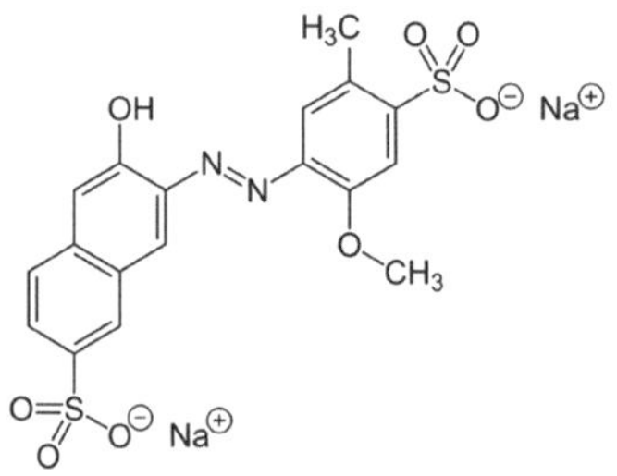 Vermelho 40 (allura)	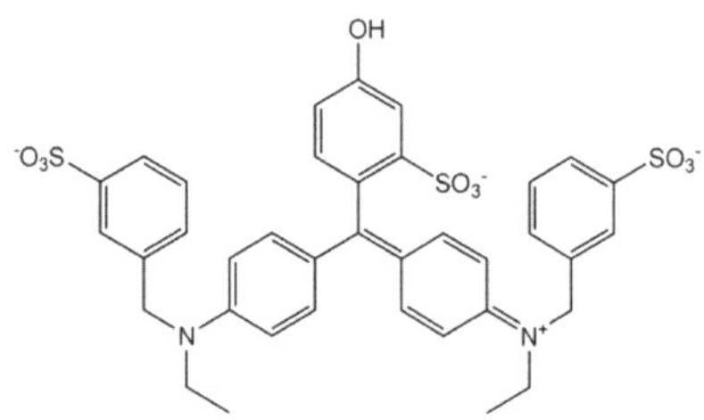 Verde rápido
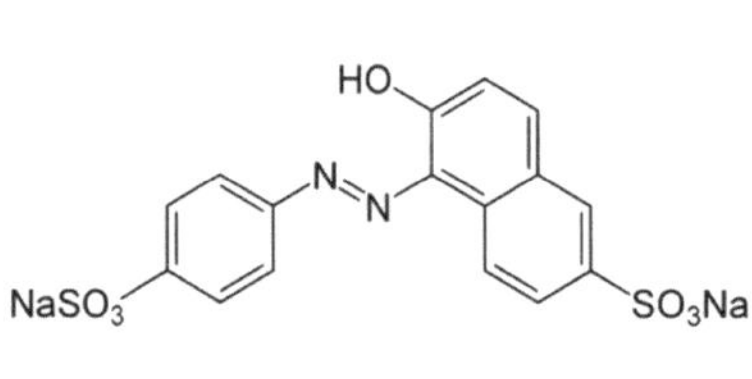 Amarelo crepúsculo	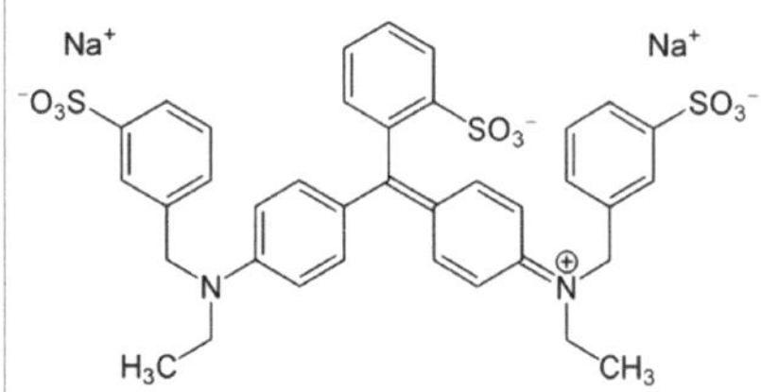 Azul brilhante

FIGURA 2.9 Principais corantes de origem sintética com uso autorizado em alimentos e suas respectivas classes *(continua)*.

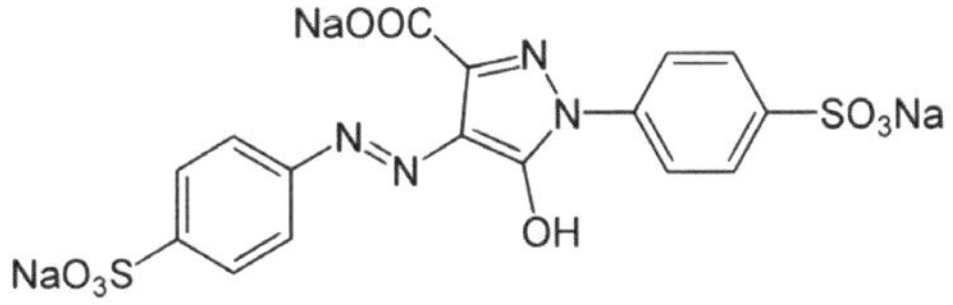

Amarelo tartrazina

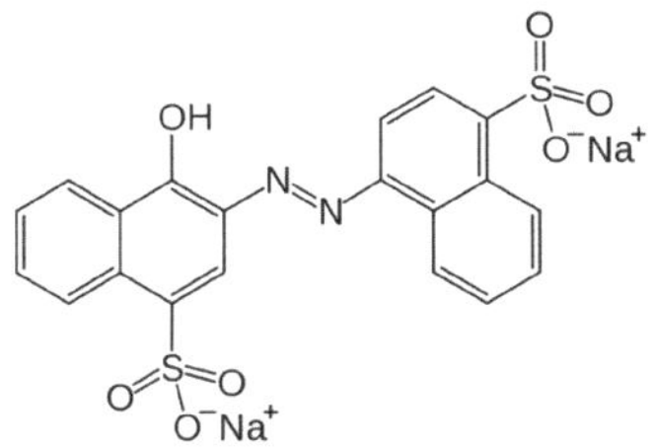

Carmosina (azorrubina)

Tipo índigo

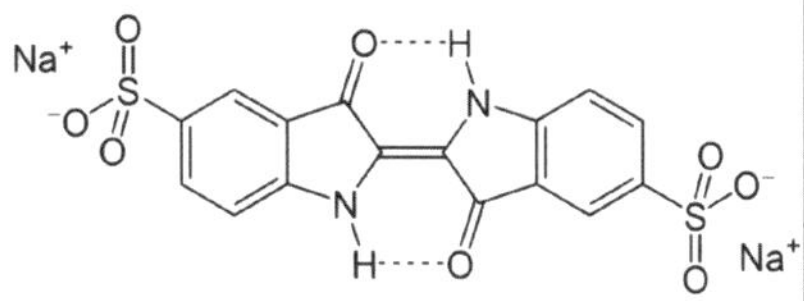

Azul de indigotina

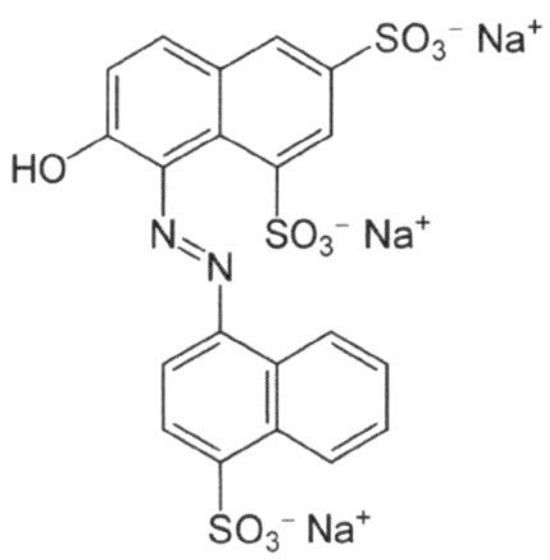

Ponceau 4R

Tipo xantina

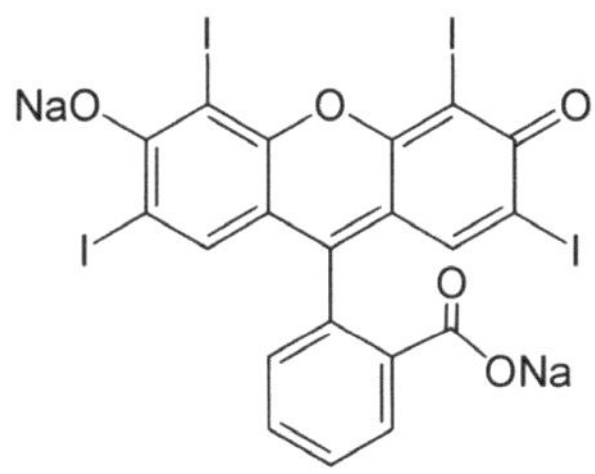

Eritrosina

FIGURA 2.9 Principais corantes de origem sintética com uso autorizado em alimentos e suas respectivas classes *(continuação)*.

TFM: trifenilmetano.

TABELA 2.5 Principais corantes e respectivas faixas de concentração permitidas em alimentos*

Corante	Faixa usualmente permitida (mg/kg ou mg/L)	Exemplos de produtos alimentares com uso autorizado
Curcumina	20-*quantum satis*	Bebidas lácteas, manteiga, gelados comestíveis, geleias, balas e caramelos, massas alimentícias com ovos, biscoitos, produtos cárneos processados, maionese, refrigerantes, petiscos, gelatina

(continua)

TABELA 2.5 Principais corantes e respectivas faixas de concentração permitidas em alimentos (*continuação*)*

Corante	Faixa usualmente permitida (mg/kg ou mg/L)	Exemplos de produtos alimentares com uso autorizado
Riboflavina	30-*quantum satis*	Bebidas lácteas, queijos, manteiga, gelados comestíveis, geleias, balas e caramelos, cereais matinais, biscoitos, cervejas, refrigerantes, petiscos, gelatina
Tartrazina	100-300	Gelados comestíveis, balas e caramelos, biscoitos, refrigerantes, petiscos, gelatina
Amarelo crepúsculo	50-250	Bebidas lácteas, gelados comestíveis, balas e caramelos, cereais matinais, biscoitos, refrigerantes, petiscos, gelatina
Vermelho carmim	100-*quantum satis*	Bebidas lácteas, manteiga, gelados comestíveis, geleias, balas e caramelos, cereais matinais, produtos cárneos processados, cervejas, refrigerantes, petiscos, gelatina
Azorrubina (carmoisina)	50-200	Bebidas lácteas, gelados comestíveis, balas e caramelos, biscoitos, refrigerantes, petiscos, gelatina
Amaranto	50-100	Gelados comestíveis, balas e caramelos, refrigerantes, gelatina
Ponceau 4R	50-100	Bebidas lácteas, gelados comestíveis, balas e caramelos, biscoitos, refrigerantes, petiscos, gelatina
Eritrosina	10-50	Gelados comestíveis, balas e caramelos, refrigerantes, gelatina
Vermelho allura	50-300	Bebidas lácteas, gelados comestíveis, balas e caramelos, cereais matinais, biscoitos, refrigerantes, petiscos, gelatina
Azul patente V	50-300	Bebidas lácteas, gelados comestíveis, balas e caramelos, refrigerantes, gelatina
Azul de indigotina	50-300	Bebidas lácteas, gelados comestíveis, balas e caramelos, biscoitos, refrigerantes, petiscos, gelatina

(continua)

TABELA 2.5 Principais corantes e respectivas faixas de concentração permitidas em alimentos (*continuação*)*

Corante	Faixa usualmente permitida (mg/kg ou mg/L)	Exemplos de produtos alimentares com uso autorizado
Azul brilhante	50-300	Bebidas lácteas, gelados comestíveis, balas e caramelos, cereais matinais, biscoitos, refrigerantes, petiscos, gelatina
Clorofila e derivados	50-*quantum satis*	Bebidas lácteas, queijos, manteiga, gelados comestíveis, geleias, balas e caramelos, cereais matinais, maionese, cervejas, refrigerantes, petiscos, gelatina
Verde rápido	50-300	Bebidas lácteas, gelados comestíveis, balas e caramelos, biscoitos, refrigerantes, gelatina
Caramelos (I, II, III e/ou IV)	500-*quantum satis*	Bebidas lácteas, doce de leite, gelados comestíveis, geleias, balas e caramelos, cereais matinais, biscoitos, produtos cárneos processados, cervejas, refrigerantes, petiscos, gelatina
Betacaroteno	10-*quantum satis*	Bebidas lácteas, queijos, óleos e gorduras vegetais, manteiga, gelados comestíveis, geleias, balas e caramelos, cereais matinais, massas alimentícias com ovos, biscoitos, produtos cárneos processados, maionese, cervejas, refrigerantes, petiscos, gelatina

* Não incluídos extratos vegetais.

empregados justamente com a finalidade de tornar essas dispersões mais estáveis ao longo do tempo, aumentando muito o intervalo necessário para a separação de fases (desestabilização), que pode passar de segundos (sem emulsificante) para anos (mistura bem emulsificada).

Emulsificantes são tensoativos de caráter anfifílico, ou seja, apresentam em sua molécula tanto uma região hidrofílica [geralmente grupos dissociáveis ou grupos hidroxil ou (poli)glicol-éter] como uma região lipofílica (geralmente grupo alquil de cadeia longa). Assim, essas moléculas localizam-se na interface dos sistemas imiscíveis, com a região hidrofílica apontada para a parte aquosa e a região lipofílica apontada para a parte lipídica, decrescendo a tensão interfacial (Figura 2.10).

A partir de uma determinada concentração, conhecida como concentração micelar crítica (CMC), o emulsificante começa a se agregar reversivelmente, formando micelas. No caso das misturas imiscíveis, o interior dessas micelas pode abrigar tanto a fase lipídica (emulsões do tipo óleo em água) como a fase aquosa (emulsões do tipo água em óleo) (Figura 2.11). Como resultado, tais partículas são mais estáveis e a agregação ou coalescência passa a ser prevenida, culminando em um coloide estável. Ou seja, passa-se a ter uma mistura água-óleo aparentemente homogênea e sem separação de fases.

Os emulsificantes podem ser classificados em termos de origem (encontrados naturalmente e sintéticos) e ionização (íons ou substâncias neutras). Estes incluem diversas proteínas, hidrocoloides (p. ex., goma arábica), fosfo ou glicolipídios, mono (MAG) e diacilgliceróis (DAG) e diferentes tipos de ésteres entre ácidos graxos e polióis (p. ex., sacarose, sorbitol) ou entre MAG ou DAG e ácidos orgânicos (acético, lático, cítrico, diacetil tartárico) (Tabela 2.6). Como exemplos específicos, destacam-se a lecitina (mistura de tensoativos, tendo o fosfolipídio fosfatidilcolina como principal componente), os ésteres de sorbitana (Span®) ou polioxietileno de sorbitana (polissorbato, Tween®) e ácidos graxos (Figura 2.12).

A lista com os principais emulsificantes empregados em alimentos pode ser encontrada na Tabela 2.7. Cabe destacar que alguns compostos listados na Anvisa com característica emulsificantes, como muitas das gomas, embora possam contribuir para a estabilização de emulsão devido ao aumento

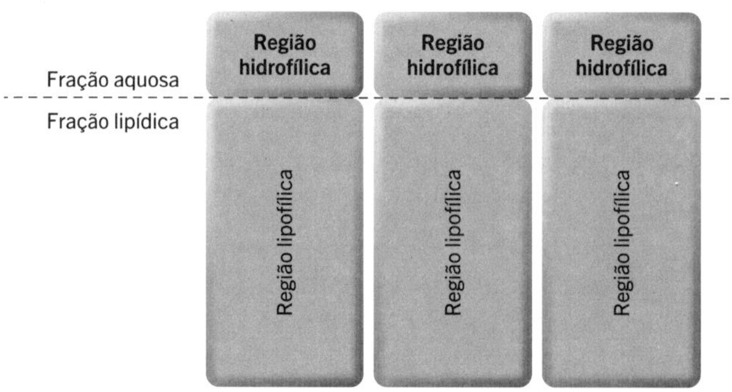

FIGURA 2.10 Disposição de um emulsificante na interface de uma mistura imiscível contendo uma fração aquosa e uma fração lipídica.

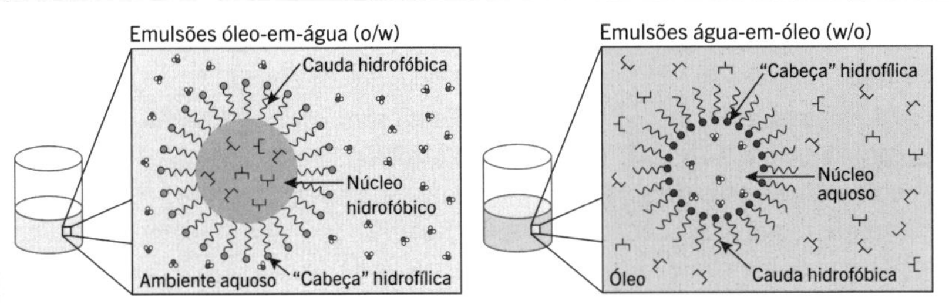

FIGURA 2.11 Micelas em emulsões óleo-em-água e água-em-óleo, quando as fases contínuas são respectivamente água e óleo e as fases dispersas são respectivamente óleo e água.

TABELA 2.6 Exemplos de diferentes emulsificantes que podem estar presentes em alimentos

	Encontrados naturalmente	Sintéticos
Iônicos	Proteínas, goma-arábica, lecitina	Ésteres de MAG ou DAG e ácidos orgânicos
Aniônicos	Glicolipídios, saponinas	MAG ou DAG, ésteres de ácido graxo e sacarose ou sorbitana

DAG: diacilgliceróis; MAG: monoacilgliceróis.

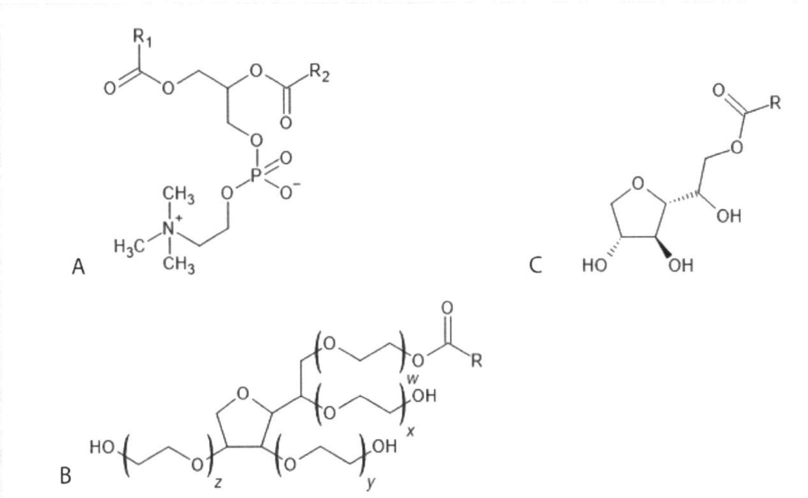

FIGURA 2.12 Estrutura de alguns dos principais emulsificantes em alimentos. A: fosfatidilcolina (principal componente da lecitina). B: ésteres de sorbitana (Span®) e polissorbato (Tween®). Os grupos R representam diferentes tipos de ácidos graxos.

TABELA 2.7 Principais emulsificantes permitidos em alimentos*

Lecitina Sais de ácidos graxos Estearoil lactilato Mono e diglicerídeos de ácidos graxos Ésteres de mono e diglicerídeos de ácidos graxos com ácido acético (Acetem), ácido lático (Lactem), ácido cítrico (Citrem) ou ácido diacetil tartárico (Datem)	Derivados de colina Ésteres graxos de sacarose Poliglicerol polirricinoleato (PGPR) Ésteres de ácido graxo e sorbitana (Span®) Ésteres de ácido graxo e polioxietileno (20) sorbitana (polissorbato, Tween®)

* Esta lista também inclui os espessantes mencionados na Tabela 2.8.

da viscosidade da fase contínua, não são emulsificantes verdadeiros, pois carecem da estrutura anfifílica.

Muitos alimentos são emulsões. Por exemplo, têm-se as emulsões óleo-em-água, leite e maionese; e as emulsões água-em-óleo, creme de leite, manteiga, margarina. Elas são normalmente estabilizadas por fosfolipídios e proteínas e, em alguns casos, por aditivos. No caso dos cosméticos, as emulsões são conhecidas popularmente como cremes (emulsões viscosas) e loções (emulsões fluidas). As emulsões cosméticas vêm sendo usadas há muito tempo na cosmetologia porque contribuem para a saúde da pele, auxiliando na manutenção e estabilização dos lipídios cutâneos e na veiculação de emolientes. Na sequência serão abordados os principais lipídios cutâneos, emolientes e lipídios empregados em formulações cosméticas.

Lipídios cutâneos e emolientes

A presença dos lipídios endógenos na pele é fundamental porque ajudam a manter o nível adequado de água no estrato córneo, o que permite flexibilidade cutânea.

O envelhecimento e as agressões ambientais resultam na redução da capacidade do estrato córneo de reter seu conteúdo de umidade ideal, tornando a pele seca e rugosa. Certamente, o envelhecimento é um processo natural e inevitável, mas a incorporação de componentes emolientes em formulações tópicas pode ser eficaz na prevenção deste e na manutenção da saúde da pele. Os óleos vegetais são emolientes comumente empregados em formulações cosméticas.

As ceramidas são lipídios abundantes na barreira lipídica presente no estrato córneo da epiderme, a qual tem a capacidade de reter a água na pele.

São ricas em ácido linoleico (C18:2), importante para manter a função de barreira da epiderme, pois controla a perda transepidérmica de água. A presença de umidade nas células do estrato córneo é responsável pela maciez e elasticidade da pele jovem e sadia.

A incorporação de emolientes em formulações cosméticas tem sido empregada em uma tentativa de prevenir esse declínio do conteúdo de umidade da pele.

Os emolientes são ingredientes importantes usados em formulações de *skincare* que podem atuar como agentes hidratantes por seu potencial oclusivo, prevenindo a perda de água. O interesse do consumidor por produtos naturais e sustentáveis tem crescido consideravelmente nos últimos anos, exigindo da indústria cosmética esforços para produtos com matérias-primas de origem natural, orgânica e sustentável (Rodrigues Pinto et al., 2022).

O emoliente mais popular usado em cosméticos e produtos de higiene pessoal é o petrolato. O petrolato é conhecido como óleo mineral ou parafina e é o principal hidrocarboneto emoliente, que tem um alto desempenho oclusivo da pele; no entanto, devido sua origem sintética, o petrolato tem sido substituído pelos derivados de plantas e alternativas sustentáveis, como óleos vegetais.

Como exemplos de emolientes que podem ser usados como substituto de petrolato em formulações tópicas, e que mostram um importante efeito de oclusão da pele, tem-se o óleo de canola, o óleo de girassol, o óleo de rícino e o óleo de noz-pecã (Rodrigues Pinto et al., 2022).

Além dos lipídios lamelares situados no estrato córneo e provenientes da síntese lipídica que ocorre nos queratinócitos durante a renovação celular, existe também, na superfície da pele humana, uma emulsão natural, ou seja, uma película hidrolipídica superficial, formada pela mistura da secreção sudorípara com os lipídios provenientes das glândulas sebáceas. A presença dessa emulsão protege a pele das agressões ambientais, sol, vento, radiação ultravioleta, baixa umidade etc.

Fazem parte dos lipídios sebáceos os triglicérides, ésteres graxos, esqualeno, ácidos graxos livres, esteróis e ésteres de esteróis (Rieger, 1992). Aproximadamente 50% dos lipídios sebáceos são triglicérides, um grupo que vem sendo muito usado em formulações cosméticas. Os triglicérides consistem em três ácidos graxos ligados, cada um deles, às três hidroxilas do glicerol por meio de uma ligação do tipo éster (Figura 2.13).

O conhecimento do ácido graxo é importante, pois ele é precursor de muitas matérias-primas cosméticas e farmacêuticas que contêm cadeias carbônicas de 4 a 36 átomos de carbono. Em alguns ácidos graxos essa cadeia é totalmente saturada (não contém duplas ligações); outros contêm uma ou

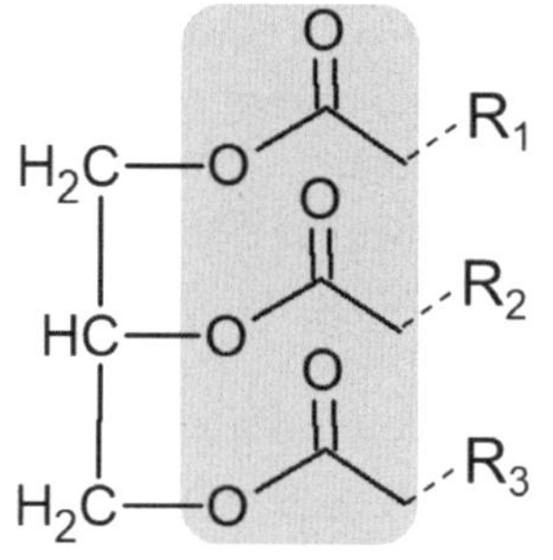

FIGURA 2.13 Estrutura geral dos triglicérides (na qual R_1, R_2 e R_3 se referem à cadeia carbônica dos diferentes ácidos graxos que formam óleos ou gorduras). Em destaque, a ligação tipo éster (-COOC-) entre os ácidos graxos e cada uma das três hidroxilas do glicerol.

mais duplas ligações. Vários ácidos graxos já foram identificados na secreção sebácea. Como exemplos de ácidos graxos encontrados na superfície da pele humana, têm-se o ácido palmítico, o ácido mirístico, o ácido esteárico e o ácido oleico.

A pele humana contém uma série de diferentes lipídios, que são importantes para a manutenção das condições fisiológicas adequadas. Por isso os óleos e outras substâncias emolientes vêm sendo frequentemente adicionados aos produtos dermatológicos e cosméticos, porque podem melhorar a espalhabilidade da formulação e beneficiar o sensorial, pois são capazes de favorecer o toque sedoso e proporcionar sensação agradável, e até mesmo apresentar algum efeito benéfico para a pele.

Lipídios empregados em formulações cosméticas

O conhecimento dos constituintes da pele permite ao formulador desenvolver formulações tópicas biocompatíveis. As substâncias graxas empregadas em formulações podem ter origem vegetal, animal ou mineral. Essas substâncias são insolúveis na água e apresentam densidade inferior à da água. Solubilizam-se nos solventes orgânicos e, em geral, nas soluções aquosas alcalinas, em virtude de se transformarem em sabões. Muitos dos lipídios encontrados naturalmente na pele humana constantemente têm feito parte das formulações de uso tópico.

Porém, é do reino vegetal que vêm atualmente as maiores contribuições de matérias-primas para os produtos aplicados na pele. Os óleos vegetais apresentam ácidos graxos semelhantes aos encontrados na epiderme humana e por isso vêm sendo constantemente empregados em formulações de uso tópico.

Segundo Costa (1975), o óleo de amêndoas contém entre 75 e 80% de ácido oleico, 10 e 17% de ácido linoleico, 5 e 8% de ácido palmítico e 1% de ácido mirístico, enquanto o óleo de amendoim contém entre 54 e 76% de ácido oleico, 12 e 34% de ácido linoleico, 5 e 12% de ácido palmítico, 4 e 6% de ácido esteárico, 3 e 4% de ácido araquídico e 2 e 3% de ácido behênico.

As propriedades físicas dos ácidos graxos e dos compostos que os contenham são largamente determinadas pelo comprimento e pelo grau de insaturação de sua cadeia hidrocarbônica. A cadeia hidrocarbônica não polar é a responsável pela virtual insolubilidade dos ácidos graxos na água. Quanto maior a cadeia carbônica do ácido graxo e menor o número de duplas ligações, menor sua solubilidade em água. Os pontos de fusão dos ácidos graxos e dos compostos que os contenham são, também, fortemente influenciados pelo comprimento e grau de insaturação da cadeia hidrocarbônica. À temperatura ambiente (25 °C), os ácidos graxos saturados que têm entre 12 e 24 átomos de carbono apresentam consistência cerosa, enquanto os ácidos graxos insaturados do mesmo comprimento de cadeia carbônica são líquidos oleosos.

A distinção usual de óleos, gorduras e ceras baseia-se em seu estado físico: os primeiros, líquidos à temperatura ambiente; as gorduras, de consistência mole, fundem abaixo de 45 °C; as ceras apresentam-se em massas sólidas, em geral fusíveis a temperaturas superiores a 60 °C.

A seguir serão apresentados os principais exemplos de lipídios empregados em formulações cosméticas, como a cera de abelha, o esqualeno e os esteróis.

A cera de abelha é uma cera purificada do favo de mel de abelhas *Apis mellifera*. Comercialmente há dois tipos de ceras: a cera amarela (natural) e a branca, obtida por descoloração da primeira. O branqueamento da cera pode ser conseguido por via química, por meio de oxidantes, ou por simples exposição à luz, umidade e ar (processo que origina a cera branca de melhor qualidade). Os índices analíticos das duas ceras podem ser considerados idênticos, exceto o ponto de fusão e a densidade, que para a cera branca são, respectivamente, de 65 °C a 66 °C e de 0,815 a 0,820 (a 100 °C). A cera branca é a mais usada. Dado o elevado conteúdo de ácidos livres, a cera pode servir para preparar emulgentes do tipo O/A, bastando que lhe seja adicionada uma substância alcalina, como o bicarbonato de sódio ou o borato de sódio, que originará um sabão alcalino. Quando pura, a cera de abelha apresenta poder emulsivo

A/O, muito fraco. Ela pode ser usada para aumentar a viscosidade de formulações ou para estabilizar emulsões.

O esqualeno contém cadeia insaturada, e é encontrado no óleo de fígado de tubarão, e em alguns vegetais (p. ex., azeite), em quantidade pequena nos óleos de amendoim e de soja. Nas formulações usualmente se emprega o esqualano, que tem cadeia saturada e, portanto, maior estabilidade.

Usualmente, os esteróis distinguem-se pela origem animal e vegetal (zoosteróis e fitoesteróis). O esterol característico do reino animal é o colesterol.

A matéria-prima usada pela indústria química para sua extração é obtida, por exemplo, a partir da lanolina, que é um material graxo obtido da secreção sebácea do carneiro. Consiste em uma mistura complexa de ésteres de alto peso molecular, esteróis e ácidos graxos. A lanolina é constituída aproximadamente de 96% de ésteres, 3% de álcoois livres, ácidos graxos livres e hidrocarbonetos. Entre os ácidos graxos, os principais são o mirístico e o palmítico e, em quantidade menor, o cáprico e o cerótico. E ainda pode conter água (aproximadamente 25 a 30%) ou ser anidra (tem menos que 1% de umidade). A presença de esteróis (p. ex., colesterol) confere à lanolina propriedades emulgentes, incorporando apreciável quantidade de água (cerca de duas vezes o seu peso).

Dentre os inconvenientes do uso da lanolina pode-se mencionar o cheiro desagradável, o poder de provocar alergias e a dificuldade de manipulação pelo fato de ser muito viscosa. Tais inconvenientes têm levado ao desenvolvimento de vários derivados da lanolina. Além disso, devido ao fato de o mercado cosmético ter se tornado mais exigente e interessado em modificações, surgiram variações de lanolinas; ou seja, surgiram os derivados da lanolina com aparência muito mais agradável e sem odor. A lanolina e seus derivados (p. ex., álcool de lanolina, lanolina acetilada, lanolina etoxilada) são substâncias que geralmente aumentam o deslizamento de loções e cremes durante a aplicação e recuperam a lubrificação da pele.

Os fitosteróis (são vários, sendo os mais conhecidos o ergostano e o estigmastano) são extraídos, por exemplo, da soja e da levedura de cerveja.

Dentre outros vários emolientes comumente usados em formulações cosméticas, têm-se como exemplos o miristato de isopropila, o oleato de decila e o miristato de miristila. O miristato de isopropila ($C_{17}H_{34}O_2$) é um éster formado pela reação do álcool isopropílico (C_3H_8O) e do ácido mirístico ($C_{14}H_{28}O_2$), e tem ação emoliente, ou seja, confere emoliência, maciez e espalhamento a emulsões e preparações anidras (Figura 2.14).

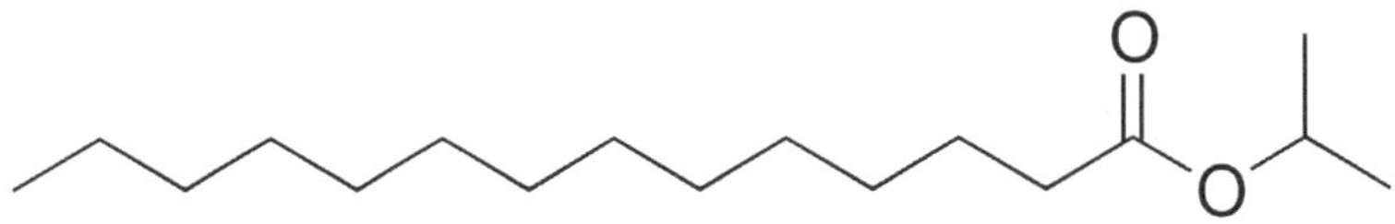

FIGURA 2.14 Miristato de isoprolila.

O oleato de decila ($C_{28}H_{54}O_2$) é um éster formado pela reação do álcool decil ($C_{10}H_{22}O$) e do ácido oleico ($C_{18}H_{34}O_2$) e tem ação emoliente (Figura 2.15).

O miristato de miristila ($C_{28}H_{56}O_2$) é um éster formado pela reação do álcool mirístico ($C_{14}H_{30}O$) e do ácido mirístico ($C_{14}H_{28}O_2$), tem ação emoliente e é um agente oclusivo. É sólido e por isso pode ajudar na consistência final do produto (Figura 2.16).

Espessantes

Compostos hidrofílicos dispersos em solução como coloides, os chamados hidrocoloides (em sua maioria polissacarídeos), muitas vezes apresentam propriedades de espessamento, ou seja, aumento da viscosidade da fase contínua. Portanto, por meio da análise das condições que afetam a velocidade de sedimentação conforme a lei de Stokes (Equação 2.1), tem-

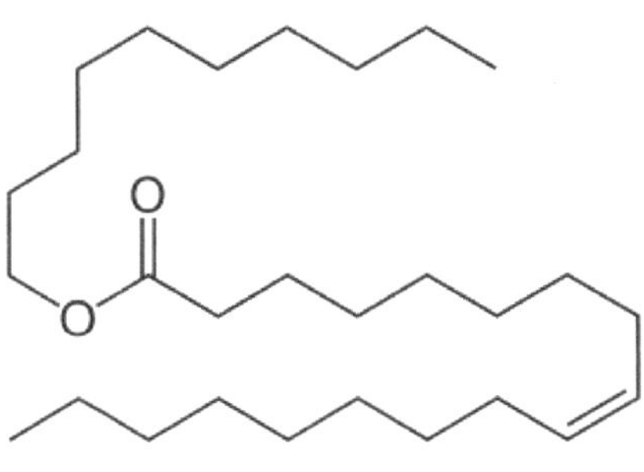

FIGURA 2.15 Oleato de decila.

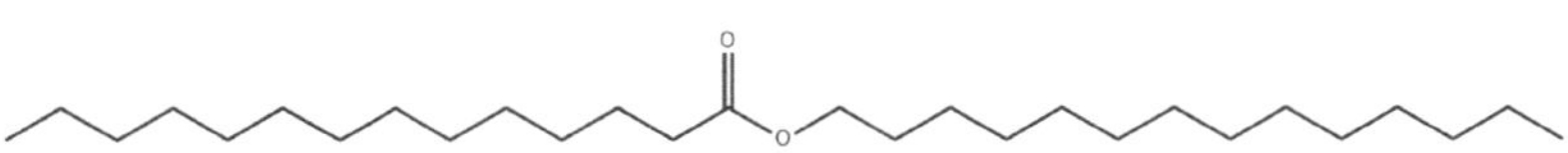

FIGURA 2.16 Miristato de miristila.

-se que esse aumento de viscosidade provoca diminuição na velocidade de sedimentação, o que por sua vez aumenta o tempo de separação de fases e, consequentemente, a estabilidade da mistura.

$$V_s = \frac{2r^2g(\rho - \rho_0)}{9\eta_0} \qquad \text{(Equação 2.1)}$$

Sendo que vs é a velocidade de sedimentação, r é o raio médio das partículas, g é a aceleração da gravidade, ρ é a densidade da partícula, ρ_0 é a densidade da fase contínua e η_0 é a viscosidade da fase contínua.

Assim, esses hidrocoloides são muitas vezes aplicados como estabilizantes. Porém, conforme abordado anteriormente, embora eles contribuam com a estabilização de emulsões, não devem ser confundidos com os emulsificantes "verdadeiros", que apresentam uma molécula anfifílica. Um caso particular é a goma-arábica, que pouco afeta a viscosidade, mas apresenta propriedades emulsificantes e de formação de filme, sendo muito utilizada em encapsulações (p. ex., óleos essenciais, corantes). Destaca-se ainda que muitos dos hidrocoloides também podem formar géis, atuando como agentes gelificantes.

Os principais hidrocoloides, em termos de tamanho de mercado, são, nesta ordem, amido, gelatina, pectina, carragena, xantana e alginato. Juntos eles correspondem a cerca de 80% do mercado total de hidrocoloides, que movimenta bilhões de dólares anualmente. Alguns exemplos podem ser encontrados na Tabela 2.8.

No caso de cosméticos, os espessantes também são muito empregados, pois ajudam na estabilidade dos produtos e ainda podem oferecer benefícios para a pele e seus anexos. Como exemplos de espessantes muito empregados nos cosméticos é possível citar: álcool cetílico, álcool cetoestearílico, monoestearato de glicerila, ceras (de carnaúba, de arroz etc.), polímeros hidrofílicos (hidroxietilcelulose, carboximetilcelulose de sódio etc.), gelatina, carragena etc.

Reguladores de acidez ou acidulantes

Ácidos fracos, que apresentam próton(s) dissociável(is), são importantes em formulações alimentícias não só como agentes de gosto (sabor ácido ou azedo), mas também muitas vezes podem atuar como conservantes (controlando o desenvolvimento microbiano), agentes quelantes, agentes de gelificação ou coagulação, entre outros. Com dissociação parcial de H^+, esses compostos (ácidos ou seus respectivos sais) podem

TABELA 2.8 Principais espessantes com uso aprovado como aditivos em determinados alimentos

Ácido algínico e alginatos	Glicerol
Ágar	Curdlana
Carragena	Goma konjac
Goma caroba (jataí)	Gelatina
Goma guar	Pectinas
Goma tragacanto	Celulose e derivados (celulose microcristalina, metilcelulose, hidroxipropilcelulose, hidroxipropilmetilcelulose, metiletilcelulose, carboximetilcelulose, etil-hidroxietilcelulose)
Goma-arábica	
Goma xantana	
Goma caraia	
Goma tara	
Goma gelana	Pululano

também atuar como agentes tamponantes, evitando que ocorram oscilações bruscas de pH, o que também contribui para a estabilização dos sistemas em que são adicionados. No caso de ácidos e bases fortes, há previsão de uso de alguns deles (p. ex., ácido clorídrico e hidróxido de sódio) em certos alimentos, mas em outros casos seu uso está limitado a determinados processos de produção de insumos alimentícios, como é o caso do ácido sulfúrico, empregado na obtenção de hidrolisados (de amido e proteínas), na degomagem de óleos e gorduras e no controle de microrganismos em leveduras cervejeiras.

O principal ácido (ou seus sais) com uso em alimentos é o ácido cítrico, que detém cerca de 60% do mercado, seguido pelo ácido fosfórico (25%), enquanto os demais (p. ex., fumárico, lático, tartárico) correspondem a cerca de 15% (Belitz, 2008). A Tabela 2.9 lista alguns dos principais acidulantes ou reguladores de acidez aprovados como aditivos alimentares, muitas vezes permitidos em limites máximos de uso *quantum satis* em produtos como

TABELA 2.9 Principais acidulantes ou reguladores de acidez aprovados como aditivos alimentares no Brasil

Ácido acético e seus sais	Ácido cítrico e seus sais	Ácido fosfórico
Ácido lático e seus sais	Ácido tartárico e seus sais	Ácido glicônico e seus sais
Ácido málico e seus sais	Ácido adípico	Glucono-delta-lactona
Ácido fumárico e seus sais	Ácido clorídrico	Substâncias alcalinas*

* Carbonatos, bicarbonatos, óxido de cálcio e hidróxidos.

bebidas lácteas e leites fermentados, gelados comestíveis, geleias de frutas, balas, confeitos, ketchup, maionese etc. (para mais detalhes, ver Instrução Normativa n. 211 de 1º de março de 2023).

Em cosméticos é bastante comum o uso de ácido cítrico e hidróxido de sódio para correção do pH de formulações cosméticas, quando necessário. Claro que há muitos outros ácidos que são usados em cosméticos, como diferentes alfa (p. ex., ácido ascórbico, ácido lático, ácido málico) e beta-hidroxiácidos (p. ex., ácido salicílico), que, de forma independente, exercerão efeitos na pele ou seus anexos, mas o uso desses ácidos também ocasionará uma consequente acidificação das formulações.

Sequestrantes (quelantes)

Agentes quelantes ou sequestrantes são substâncias que apresentam a capacidade de se combinarem com íons metálicos formando complexos solúveis. Isso contribui significativamente para a estabilidade de cor, aroma e textura. Como alguns metais de transição também participam como catalisadores das reações de oxidação lipídica (seção "Antioxidantes", no Capítulo 2), esses quelantes também podem ser empregados com função antioxidante. Os agentes quelantes também podem remover cofatores de enzimas, evitando que as reações catalisadas por elas ocorram, como é o caso do escurecimento enzimático (seção "O que é e como evitar o escurecimento enzimático em alimentos", no Capítulo 3). Os principais exemplos incluem o ácido etilenodiamino tetra-acético (EDTA), hidroxiácidos (ácidos cítrico, málico) e sais de citrato, fosfato e gluconato, conforme listado na Tabela 2.10. Exemplos de tipos de alimentos aos quais esses sequestrantes podem ser adicionados incluem manteiga, gelados comestíveis, sucos/néctares/polpas, além de alguns molhos, bebidas e suplementos (para mais detalhes, Instrução Normativa n. 211 de 1º de março de 2023).

Em cosméticos, o sequestrante (quelante) mais utilizado tem sido o EDTA em sua forma de sal dissódico (Figura 2.17), que é um agente quelante capaz de se ligar a íons como sódio (Na^+), cálcio (Ca^{2+}), magnésio (Mg^{2+}), zinco (Zn^{2+}), entre outros. Os sequestrantes, nos cosméticos, tendem a melhorar a ação de antioxidantes e conservantes.

TABELA 2.10 Exemplos de sequestrantes e respectivos limites máximos em alimentos permitidos no Brasil

Sequestrante	Limite máximo (mg/kg ou mg/L)
Ácido málico	*Quantum satis*
Ácido cítrico e citratos	*Quantum satis*
EDTA (cálcio dissódico e dissódico)	25-150
Ácido fosfórico e fosfatos	500-5.000
Sulfato de cálcio	*Quantum satis*
Glucono-delta-lactona e gluconatos	*Quantum satis*
Sorbitol	*Quantum satis*

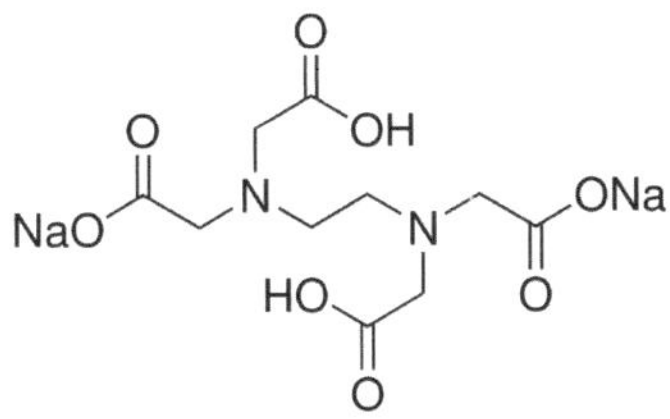

FIGURA 2.17 Estrutura do EDTA dissódico.

3

Interface alimentos-cosméticos

INTRODUÇÃO

O amplo desenvolvimento do mercado cosmético tem feito com que os produtos desse setor ganhem um espaço cada vez maior na vida dos consumidores. Junto ao espaço conquistado no mercado, também tem aumentado o acesso à informação, e percebe-se que os consumidores estão cada vez mais preocupados com os componentes nas fórmulas dos produtos que utilizam, visando à máxima segurança.

Sem dúvida, o item segurança dos cosméticos precisa ser priorizado, pois são produtos de venda livre, ou seja, a população entra em contato com esses produtos muitas vezes ao dia. Um consumidor de produto cosmético está exposto a muitos componentes químicos diariamente. Considerando que as fórmulas desses produtos são complexas e podem conter mais de 50 substâncias químicas, é essencial garantir que a exposição diária a eles não cause efeitos adversos ao consumidor, como irritações imediatas ou cumulativas, reações alérgicas ou de sensibilização, dermatites ou até mesmo reações sistêmicas (Draize et al., 1944; Un, 2018; Diegel, 2019).

Diante desse fato, existe a cosmetovigilância, que regulamenta a vigilância dos produtos de higiene pessoal, cosméticos e perfumes com vistas a avaliar seu desempenho e monitoramento dos dados de segurança no pós-uso. Cosmetovigilância é o termo utilizado para designar a vigilância pós-comercialização dos produtos cosméticos regularizados. Compreende as atividades inerentes à identificação, avaliação, monitoramento e prevenção de efeitos indesejáveis decorrentes do uso em condições normais ou razoavelmente previsíveis dos produtos cosméticos. O objetivo da cosmetovigilância é proteger a saúde dos consumidores de produtos cosméticos, especialmente grupos populacionais vulneráveis, como crianças, gestantes e idosos.

Sabe-se que os cosméticos são produtos de uso externo, mas também que a exposição a eles de maneira inadequada poderia ocasionar uma absorção nas camadas mais profundas da pele, atingindo a circulação sanguínea e podendo induzir a efeitos sistêmicos, além dos efeitos locais. O estrato córneo presente na camada mais superficial da epiderme contém uma barreira lipídica que funciona como barreira física, importante na proteção da pele. O rompimento de sua integridade, por substâncias químicas (p. ex., álcool etílico) ou substâncias físicas (abrasão), pode ocasionar injúrias na pele.

Logo, os veículos cosméticos precisam ser bem desenvolvidos para evitar que substâncias ativas veiculadas nas formulações permeiem profundamente a pele, podendo atingir a corrente sanguínea. Por exemplo, quando um formulador desenvolve um filtro solar, deve utilizar um veículo que facilite a retenção da formulação nas camadas mais superficiais da pele, a fim de garantir eficácia e evitar a absorção sistêmica. Dessa maneira, não parece ser uma boa ideia usar álcool etílico como um dos ingredientes de formulação para um filtro solar, uma vez que o álcool etílico pode funcionar como promotor de penetração cutânea.

Diante dessas preocupações, a estratégia de usar ingredientes nas formulações cosméticas, que também podem ser usados nas formulações de alimentos, parece ser bastante interessante. Até porque, além de seguros para uso alimentar, esses ingredientes muitas vezes têm efeito antioxidante e nutritivo, que poderia ser benéfico para a pele e seus anexos, desde que testados para uso tópico.

É perceptível que muitos componentes que já são usados na indústria cosmética também estão presentes nos alimentos. Como exemplo, tem-se óleo de coco, que vem sendo usado em cosméticos para pele e cabelos devido ao fato de sua composição lipídica ocasionar efeitos benéficos quando aplicado topicamente. Outros exemplos seriam cacau, óleo de jojoba, mel, aveia etc.

No entanto, mesmo sendo ingredientes usados em alimentos, não devem ser aplicados puros na pele, pois podem ocasionar reações indesejadas, além de apresentar sensorial muitas vezes desagradável. Por outro lado, a adição desses ingredientes às formulações cosméticas poderá tornar essas formulações mais seguras e eficazes, além de mais divertidas e inovadoras.

Recentemente, consumidores de produtos coloridos aumentaram a rejeição ao uso de corantes artificiais. Ao mesmo tempo, a coloração de alimentos e cosméticos utilizando, principalmente, fontes naturais contendo diferentes classes de pigmentos, ganhou importância nessas indústrias. Embora os pigmentos naturais muitas vezes tenham estabilidade inferior se comparados aos pigmentos sintéticos, os naturais conquistam a cada ano uma nova fatia do mercado cosmético e alimentício.

Logo, uma das principais vantagens dos produtos cosmetróficos seria a segurança, especialmente quando aplicados nos lábios. Como seus ingredientes são seguros para ingestão, também poderiam, na maioria das vezes, ser seguros para uso externo. Isso os torna uma excelente escolha para pessoas com pele sensível ou alergias a ingredientes comuns em produtos de beleza tradicionais, bem como uma excelente escolha para produtos infantis.

Além disso, os produtos cosmetróficos podem ser uma ótima opção para quem gosta de adicionar um toque de diversão à rotina de beleza diária. Eles poderiam vir em uma variedade de sabores, desde frutas como morango, cereja, limão e melancia, até sabores mais exóticos, como baunilha, chocolate e hortelã. Essa diversidade de sabores pode proporcionar uma experiência sensorial única e agradável ao aplicar os produtos.

Vale ressaltar que, embora os produtos cosmetróficos tendam a ser seguros para serem consumidos em pequenas quantidades, é essencial lembrar que não são projetados para substituir alimentos adequados e nutritivos. Eles são destinados ao uso externo, com o benefício adicional de apresentarem segurança diante da ingestão ocasional ou acidental.

Outro fato importante de relatar é que, mesmo quando o ingrediente é quimicamente o mesmo, a forma como ele é produzido, purificado, armazenado e documentado pode ser diferente, dependendo da finalidade — alimentícia ou cosmética. Por isso, o laudo técnico (especificação da matéria-prima) também pode variar conforme o uso. Um ingrediente "igual" na composição (exemplo: glicerina, ácido cítrico, óleo vegetal) pode ter grau alimentício (*food grade*) ou grau cosmético (*cosmetic grade*). Desta maneira, embora alimentos e cosméticos utilizem ingredientes semelhantes, cada indústria possui exigências próprias quanto à pureza, segurança e documentação da matéria-prima. Por isso, uma parceria, ou seja, uma aproximação entre esses setores pode ser muito vantajosa para alinhar especificações, compartilhar tecnologia e promover sustentabilidade.

ALIMENTOS EM FORMULAÇÕES COSMETRÓFICAS

Popularmente, muitos alimentos vêm sendo usados, há décadas, na pele e nos cabelos. Aveia, café, açúcar e fubá representam alguns dos que são empregados popularmente para esfoliar a pele (Figura 3.1). Esses ingredientes geralmente são adicionados a outros produtos alimentares a fim de auxiliar na esfoliação, como mel, abacate, óleo de abacate e iogurte. É importante lembrar

FIGURA 3.1 Alimentos que são usados como esfoliantes na pele, pela crença popular.

que muitas vezes esses alimentos, que são usados como esfoliantes, não contêm partículas arredondadas e uniformes, o que pode ocasionar microlesões na superfície da pele. Para esfoliar a pele o ideal é tratar essas partículas para que elas fiquem uniformes e com a superfície arredondada. Dessa maneira, o desenvolvimento e a regulamentação de produtos cosmetróficos poderia trazer benefícios para a população que tenta usar esse tipo de produto, de maneira empírica.

Como outros exemplos clássicos, embora não necessariamente do setor de alimentos, tem-se plantas como *Matricaria chamomilla* (camomila), *Achyrocline satureioides* (macela) e *Solidago microglossa* (arnica-do-brasil), ricas em flavonoides, que são empregadas popularmente em formulações destinadas ao clareamento natural dos cabelos.

A camomila é encontrada principalmente na Europa, América do Norte, América do Sul e Ásia ocidental e é comumente consumida na forma de infusão ("chá"). A parte dessa planta mais utilizada em extratos são as flores, e a extração ocorre quando se empregam como solvente principalmente misturas água:propilenoglicol (1:1) ou água:etanol (1:3). A técnica de extração mais utilizada é a percolação, e as classes de compostos mais encontradas são os óleos essenciais (principalmente alfabisabolol), azuleno, flavonoides, sesquiterpenos, lactonas, cumarinas e mucilagens. As principais ações e indicações dessa planta são: anti-inflamatória, calmante e clareadora dos cabelos.

Enquanto se encontra pouca literatura científica para a comprovação da eficácia do uso de camomila para clareamento dos cabelos, pode-se dizer que é ainda mais raro material científico sobre os extratos de macela e arnica-do-brasil. Um trabalho publicado em 2009 verificou a eficácia de extratos das plantas camomila, macela e arnica-do-brasil, obtidos por diferentes veículos extratores (hidroglicólico e hidrossilicônicos), no clareamento capilar. Como resultados, verificou-se que a camomila foi a única que apresentou efeitos de mudança de cor nas mechas de cabelos. E, entre os diferentes veículos extratores, os melhores resultados foram obtidos com a mistura de água e PEG-12 dimeticone.

Receitas caseiras em redes sociais

Uma simples busca na internet indica várias receitas caseiras e imagens desse tipo. A Figura 3.2 ilustra receitas com alimentos que são divulgadas de maneira empírica na internet. Deve-se destacar que, na maioria das vezes, essas informações são divulgadas sem respaldo científico. A intenção de apresentá-las neste livro é a de ilustrar como a população costuma empregar os alimentos com finalidade cosmética, mas sem endossar sua eficiência.

Nesse sentido, além das evidências científicas que embasam o uso dos alimentos em formulações cosméticas, é importante ressaltar que por trás do desenvolvimento e da produção de um produto cosmético existem muitos estudos e testes necessários. Logo, usar alimentos diretamente na pele, ou em outras regiões do corpo, pode trazer alergias ou até mesmo riscos para o consumidor. Afinal, antes de uma formulação cosmética ser lançada no mercado é necessário realizar testes de estabilidade (física, química e microbiológica), de segurança e, muitas vezes, de eficácia. Além disso, um dossiê das matérias-primas precisa ser apresentado para os órgãos que regulamentam o setor.

Na Figura 3.2, observa-se que alimentos são usados popularmente como cosméticos porque crenças populares existem em relação ao emprego de alimentos como "cosméticos".

Frequentemente, crenças populares ou conhecimentos tradicionais desempenham um papel fundamental como ponto de partida para o desenvolvimento científico em áreas específicas. Muitas descobertas científicas têm suas raízes em práticas e ideias populares que, com o tempo, foram investigadas de maneira mais sistemática e rigorosa. Tais crenças, embora inicialmente baseadas em observações empíricas ou experiências passadas, frequentemente despertam a curiosidade e a busca por explicações mais profundas, surgindo ideias de hipóteses e a realização de experimentos que seguem metodologias com embasamento científico.

Logo, crenças populares, ao serem transmitidas de geração em geração e ao serem objeto de curiosidade científica, podem desencadear o desenvolvimento de novas áreas de pesquisa, fazendo a ponte entre o conhecimento intuitivo e as descobertas fundamentadas cientificamente.

Função	Informação encontrada na internet	Receita encontrada na internet	
Para limpar a pele	O leite contém ácido lático, que tem forte poder de hidratação e ainda atua como clareador Ótima opção para renovar as células do rosto e até mesmo clarear manchinhas na pele	• Misture 1 colher de sopa de açúcar mascavo com 1 colher de sopa de iogurte natural • Aplique no rosto e deixe agir por 10 minutos • Enxágue com água corrente	
Para controle da oleosidade	Aposte em alimentos alcalinos como couve, pepino e espinafre	• Misture uma batata cozida e esmagada com uma colher de sopa de espinafre e meio pepino • Bata no liquidificador • Aplique na pele, deixando agir por 10 minutos • Enxágue com água corrente	
Para hidratar a pele	O abacate tem grande poder hidratante devido a seus nutrientes. É ótimo no auxílio da elasticidade e vitalidade da pele e ainda conta com ômega 9, que colabora na redução da vermelhidão e da irritação da pele, estimulando a capacidade de reparação	• Corte um abacate em fatias e amasse uma ou duas delas até formar uma pastinha • Deixe agir por 10 minutos • Repita a máscara sempre que possível	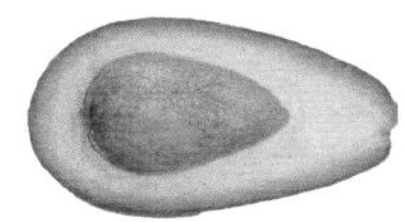
Para quem busca ação antirrugas	A cenoura é um alimento poderoso, importante para a hidratação da pele e do cabelo. Tem ação antirrugas, fortalece as unhas, ajuda no bronzeamento da pele e também combate a celulite. Todas essas propriedades são devidas ao betacaroteno presente no vegetal	• Num recipiente, coloque 3 colheres de sopa de chá de hibisco com 2 colheres de sopa de cenoura ralada. Acrescente um pote de iogurte e 1 colher de sopa de mel • Misture tudo e aplique em todo o rosto por 20 minutos • Enxágue com água corrente	

FIGURA 3.2 Informações encontradas na internet, pela crença popular.

Assim, a crença popular sobre o uso de alimentos para fins cosméticos foi um dos catalisadores para o surgimento de investigações científicas nessa área. A partir dessa observação empírica, aliada ao desenvolvimento de projetos multidisciplinares, reunindo ciência cosmética e ciência dos alimentos, surge uma nova e promissora área do conhecimento científico, que integra aspectos da biotecnologia, cosmetologia e engenharia de alimentos. A Tabela 3.1 ilustra alguns exemplos de alimentos citados com ação benéfica para a pele.

A aplicação de alimentos diretamente na pele e seus anexos não deve ser estimulada, pois os alimentos não foram desenvolvidos para fins cosméticos. Antes de um produto cosmético ser comercializado, muitos testes são realizados para garantir a estabilidade, segurança e às vezes até mesmo eficácia dessas formulações (nesse caso as formulações apresentam *claims*, que são qualidades atribuídas ao produto pelo fabricante).

Por trás de um produto cosmético existe a ciência, ou seja, o desenvolvimento de um cosmético requer estudos. Para dar um exemplo didático, deve-se garantir que a formulação não está contaminada com nenhum microrganismo patogênico. Quando são utilizados produtos que não foram desenvolvidos para finalidade cosmética, não há como garantir que esse produto não sofreu uma contaminação microbiana, por exemplo, ou que está em um pH adequado para ser aplicado no corpo humano.

TABELA 3.1 Exemplos de alimentos que são indicados para ação cosmética

Alimento ou componente	Benefícios complementares para pele e seus anexos	Referências
Amido de pinhão	Melhora a espalhabilidade e a viscosidade das formulações tópicas	Daudt (2016)
Extrato fenólico da casca de pinhão	Fonte de compostos fenólicos com atividade antioxidante	Daudt (2016)
Chá verde (*Camellia sinensis*)	Melhora da elasticidade da pele	Diniz et al. (2022)
Extrato de romã (rico em antocianina)	Ação anti-inflamatória e antioxidante	Diniz et al. (2022)
Óleo extraído das sementes da rosa-mosqueta (*Rosa rubiginosa affinis* ou *Rosa canina* L.)	Rico em ácidos graxos insaturados e em ácido transretinoico, cujas propriedades têm despertado o interesse devido às suas propriedades potencialmente benéficas no processo de cicatrização	Santos et al. (2018)

Outro exemplo: já é bastante conhecido que a vitamina C é um ingrediente muito usado em formulações cosméticas. Sabe-se também que o limão contém essa vitamina, mas se o suco de limão for aplicado diretamente na pele, queimaduras e manchas podem ser ocasionadas. Portanto, não é porque é um produto natural que pode ser aplicado diretamente na pele!

Os alimentos *in natura* muitas vezes não apresentam pH compatível com a pele, ou até mesmo contêm substâncias suscetíveis a ocasionar alergia nas pessoas. É por isso que muitas vezes receitas alimentares caseiras aplicadas diretamente na cútis podem ocasionar injúrias na pele, podendo provocar abrasão química ou física, e acarretando alteração do estrato córneo, por exemplo, o que é capaz de levar a uma alteração da barreira lipídica da pele.

Atualmente, a cosmetovigilância regulamenta a vigilância dos produtos de higiene pessoal, cosméticos e perfumes com vistas a avaliar seu desempenho e monitorar os dados de segurança no pós-uso. O objetivo da cosmetovigilância é proteger a saúde dos consumidores de produtos cosméticos no Brasil, especialmente para grupos populacionais vulneráveis, como crianças, gestantes e idosos.

É importante usar produtos que foram desenvolvidos e aprovados para seus fins específicos. Assim surge a ideia dos produtos cosmetróficos, afinal o ideal é sempre usar, como cosmético, uma formulação que foi preparada adequadamente para esse uso. Ao se empregar ingredientes alimentícios para desenvolvimento de cosméticos, pode-se alcançar algo bastante interessante, pois os testes necessários serão efetuados e poderão ser desenvolvidos, por meio da ciência cosmética, produtos bastante promissores para manutenção da saúde e beleza da pele e seus anexos. Muitas vezes a ciência parte do conhecimento popular para descobrir o que de fato está por trás da cultura popular, ou seja, do conhecimento empírico.

COMPONENTES DOS ALIMENTOS EM FORMULAÇÕES COSMETRÓFICAS

A seção anterior abordou o uso de alimentos completos na formulação de produtos com finalidade cosmética. Nesta parte do livro, será discutido como os componentes dos alimentos (ou compostos ativos presentes nos alimentos) podem ser empregados, em sua forma isolada, para formular cosméticos. Muitas vezes, o uso desses compostos isolados tem origem no uso tradicional do alimento em que eles podem ser encontrados. Um exemplo consagrado é o uso da água de arroz na pele a fim de ocasionar um clareamento cutâneo. Atualmente, demonstrou-se que o ácido kójico (componente presente na água de arroz) apresenta leve ação no clareamento da pele, o que tem propiciado seu uso em formulações clareadoras.

De forma semelhante, sabe-se que muitos alimentos são ricos em substâncias com atividade antioxidante. O crescente interesse pelos antioxidantes naturais de extratos de plantas é devido a sua baixa toxicidade em relação aos antioxidantes sintéticos (Soares et al., 2008). Os compostos sintéticos butil-hidroxitolueno (BTH) e butil-hidroxianisol (BHA) são antioxidantes efetivos e muito utilizados nos medicamentos, cosméticos e até mesmo em alimentos, porém podem apresentar atividades mutagênicas (Carpes et al., 2008). Nesse sentido, a procura de agentes antioxidantes naturais tem recebido atenção especial por parte dos pesquisadores de todo o mundo e da indústria farmacêutica e cosmética.

O ácido ascórbico é um dos antioxidantes mais usados em cosméticos. Ele pode ser empregado para ter atividade *in vivo* (proteger a pele) ou ainda para proteger a formulação (efeito *in vitro*). Porém, a utilização de vitamina C, e de seus derivados, na formulação do produto com a finalidade antioxidante *in vitro* (manutenção da estabilidade) não permite que ela seja realçada na rotulagem, à exceção da menção na composição, de maneira igual, tanto na forma como na dimensão de caracteres, aos demais constituintes da fórmula (Anvisa-Catec, 2001). Além de sua função antioxidante, capaz de proteger a pele contra danos oxidativos e envelhecimento precoce, uma das tendências de uso do ácido ascórbico em formulações cosméticas está em seu efeito de uniformidade de cor da pele.

Substituição de ingredientes em formulações cosméticas convencionais para obtenção de cosmetróficos

Muitos ingredientes usados em formulações comestíveis poderiam ser empregados e exercer funções desejáveis em formulações cosméticas. Por exemplo, a carragena é um polímero espessante usado em alimentos, e também pode ser empregada em formulações cosméticas. Outro exemplo é o antioxidante butil-hidroxitolueno (BHT), que pode ser empregado tanto em cosméticos como em alimentos. Assim, ao desenvolver uma formulação para hidratar os lábios, deve-se pensar em agentes estruturantes, emolientes, hidratantes e adjuvantes para oferecer estabilidade a essa formulação, como antioxidantes, conservantes etc. Seguindo esse raciocínio, seria bastante interessante desenvolver uma formulação hidratante para os lábios com ingredientes que pudessem ser inseridos também em alimentos, pois dessa maneira os consumidores ficariam atraídos pela formulação pelo fato de conter substâncias que são comumente empregadas também em alimentos.

Dessa forma, a emulsão labial, ilustrada na Tabela 3.2, apresenta uma fórmula constituída apenas com ingredientes permitidos também em alimentos.

Além disso, a formulação pode ter seu pH final ajustado para o pH do local em que será aplicada. Por exemplo, ao pensar no desenvolvimento de uma emulsão hidratante labial, é importante manter o pH final da formulação próximo ao pH fisiológico da pele labial. Esse ajuste também pode ser feito por ingredientes permitidos em alimentos (como exemplo, pode-se citar o ácido cítrico).

Como seguem as regras de preparo de alimentos (embora sem conflitar com a legislação que rege a formulação de cosméticos), as formulações cosmetróficas devem considerar apenas ingredientes com *status* GRAS (*Generally Recognized as Safe*), que é uma classificação da agência norte-americana Food and Drug Administration (FDA), responsável por regulamentar os setores de alimentos, medicamentos e cosméticos. Isso garante o uso de ingredientes considerados seguros com base em evidências científicas ou por uso histórico comprovado.

Assim, a classificação GRAS dá mais segurança tanto aos consumidores como às indústrias. Logo, usar ingredientes da lista GRAS em formulações cosmetróficas traz vantagens ao reforçar a noção de segurança do produto. Obviamente não se pode negligenciar o fato de que algumas pessoas podem apresentar sensibilidade a componentes da fórmula, mesmo com substâncias com amplo histórico seguro.

TABELA 3.2 Emulsão labial hidratante formulada apenas com ingredientes também permitidos em alimentos

Ingrediente	Função	Quantidade (%)
Carboximetilcelulose (CMC)	Espessante	1,5
Sorbitol	Umectante	6
Água deionizada	Veículo	qs
Sorbato de potássio	Conservante	0,5
Óleo de girassol	Emoliente	7
Cera candelilla	Emoliente, espessante	0,25
Lecitina de soja	Emulsificante	0,5
BHT	Antioxidante	0,03
Aroma	Confere odor	qs

BHT: butil-hidroxitolueno; qs: quantidade suficiente.

Vale destacar que não necessariamente as formulações cosmetróficas seriam elaboradas com ingredientes exclusivamente "naturais", uma vez que nem todos os ingredientes permitidos em alimentos têm origem em fontes naturais. Porém, é possível restringir a formulação a ingredientes de fontes específicas, resultando em produtos que possam ser classificados como naturais, veganos, orgânicos etc., seguindo a tendência atual dos setores de alimentos e cosméticos. Por fim, vale destacar que alguns ingredientes podem apresentar mais de uma função tecnológica, o que poderia permitir uma lista de ingredientes mais enxuta, alinhada com o conceito de *clean label.*

ESTUDO DE CASO: MELANOGÊNESE E CLAREADORES DE PELE

Neste trecho do livro, será analisado o caso da inibição da formação de melanina como um dos principais pontos de interface alimentos-cosméticos e como os desafios desse tema em uma área (cosméticos) podem ser enfrentados com mais facilidade graças às soluções encontradas na outra (alimentos).

Assim, primeiro será explicado como e onde melanina é biossintetizada. Na sequência, será descrito o escurecimento enzimático que ocorre em alimentos e sua semelhança com as reações de biossíntese de melanina na pele. Por fim, será descrito como o escurecimento enzimático pode ser inibido em alimentos e como algumas dessas estratégias podem ser úteis em formulações cosméticas que visam ao clareamento da pele.

Melanogênese

A melanina é um pigmento biológico produzido no interior de células chamadas melanócitos, que estão localizadas principalmente na epiderme, a camada mais externa da pele. A formação da melanina ocorre dentro de organelas chamadas melanossomos, por meio de uma série de reações químicas conhecidas como melanogênese. Esse processo começa com o aminoácido tirosina, que é convertido em di-hidroxifenilalanina (dopa) e depois em dopaquinona, por ação da enzima tirosinase. A partir daí, diferentes tipos de melanina podem ser produzidos, como a eumelanina (de cor marrom ou preta) ou a feomelanina (de cor amarelada ou avermelhada), dependendo de outros fatores celulares e genéticos. A melanina formada é então transferida dos melanossomos para os queratinócitos, células da epiderme que ajudam a distribuir o pigmento na pele, conferindo cor e proteção contra os efeitos nocivos da radiação ultravioleta (UV).

As hipercromias (ou manchas escuras) são alterações cutâneas em que há aumento da produção de melanina na pele; a melanina é a molécula responsável pela coloração cutânea. Sua produção ocorre pela via bioquímica denominada melanogênese em células dendríticas localizadas na camada basal da epiderme, chamadas de melanócitos. Os melanócitos, presentes na epiderme, são capazes de transferir a melanina produzida para as células que o cercam, os queratinócitos. Alterações na produção de melanina podem levar a hiperpigmentações, como o melasma, hiperpigmentação pós-inflamatória etc.

A Figura 3.3 mostra um esquema simplificado da biossíntese de melanina. O aminoácido L-tirosina é o principal precursor para a síntese da melanina. Dentro do melanócito, a L-tirosina é convertida em L-dopa (di-hidroxifenilalanina) pela ação da enzima tirosinase, que catalisa a reação de hidroxilação da tirosina. A L-dopa é então oxidada, também pela tirosinase, para formar dopaquinona, que pode originar dois tipos de melanina: eumelanina e feomelanina. A eumelanina influencia nas cores mais escuras, como o preto ou o marrom, enquanto a feomelanina é responsável por tons mais claros, como o amarelo ou o vermelho.

Os protetores solares atuam na prevenção ao desenvolvimento de hipercromias, já que a exposição à luz solar é um dos fatores desencadeantes da produção de melanina devido à radiação UV. Também há evidências de que seu uso auxilia no tratamento de hipercromias, como o melasma e a hiperpigmentação pós-inflamatória.

Formulações tópicas adicionadas de extratos vegetais muitas vezes são indicadas como coadjuvantes no tratamento do melasma. Na literatura cien-

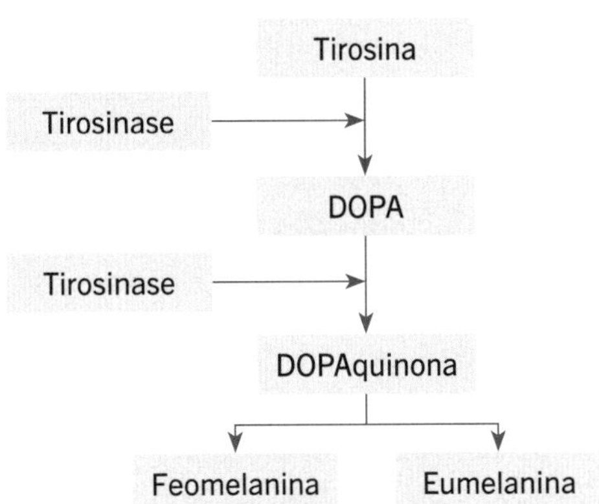

FIGURA 3.3 Esquema simplificado da biossíntese de melanina nos melanócitos.

tífica há diversos exemplos de redução do melasma após o uso de extratos vegetais veiculados em fórmulas cosméticas, sendo exemplos formulações creme com mistura herbal de *camellia* (1%), *sanchi* (0,5%), óleo de *Prinsepia utilis* (0,5%) e *Portulaca oleracea* (1%) (Zhang et al., 2019), com extrato de *C. arietinum L.* e *C. melo* var. *indorus H. jacq* (Mahjour et al., 2020), com emblica, licorice e belides (Costa et al., 2010), creme contendo *Rumex occidentalis* 3% (Mendoza et al., 2014); em sérum contendo extrato de orquídea, extrato de *Brassocattleya marcella koss*, extrato de raiz de *Glycyrrhiza glabra*, extrato de bulbo de *Lilium candidum*, extrato de *Malva sylvestris*, extrato de semente de *Helianthus annuus* e extrato de raiz de *Cyanotis arachnoidea* (Tadokoro et al., 2010); e óleo de extrato de amora (Alvin et al., 2011).

O mecanismo de ação dessas substâncias presentes nos extratos pode ser variado, mas a maioria das substâncias usadas em formulações tópicas age diminuindo a produção de melanina por meio da inibição da atividade da tirosinase.

Experimentos do grupo de pesquisa dos autores deste livro, ainda não publicados, também evidenciaram, em ensaio *in vitro*, que extratos vegetais de rabanete (*Raphanus sativus*) e açafrão-da-terra (*Curcuma longa*) inibem a enzima tirosinase.

O que é e como evitar o escurecimento enzimático em alimentos

Observar o escurecimento de uma maçã cortada (ou mordida) ou de uma banana escurecida após algum choque mecânico é uma experiência cotidiana para muitas pessoas. A explicação bioquímica para esses processos envolve a ação de enzimas do próprio alimento, que atuam sobre determinados componentes após a ruptura de estruturas, ocasionando o contato enzima-substrato.

As enzimas envolvidas nesse processo oxidam compostos fenólicos e estão amplamente distribuídas na natureza (presentes em microrganismos, plantas e animais). Em um primeiro momento, as chamadas polifenoloxidases convertem monofenóis a ortodifenóis (ação enzimática conhecida como monofenol monoxigenase), que subsequentemente são convertidos a ortoquinonas (ação enzimática conhecida como catecol oxidase). Os passos seguintes envolvem a polimerização não enzimática das ortoquinonas para formar pigmentos escuros conhecidos coletivamente como melaninas (Figura 3.4A).

A tirosinase, como anteriormente visto, apresenta tanto as atividades de hidroxilação de monofenóis como a subsequente oxidação dos ortodifenóis, de modo que permite a conversão de monofenóis a quinonas (Figura 3.4B). Diversos compostos fenólicos estão presentes em alimentos e são possíveis substratos das polifenoloxidases, como tirosina, catecol, ácidos gálico, clorogênico, cafeico e fumárico, catequina e epicatequina, campferol, quercetina, entre outros.

Esse processo pode ser desejável em alguns alimentos, tais como na uva-passa e no chá, embora na maioria das vezes seja indesejável. A indústria de alimentos dispõe de diferentes meios para evitar que o escurecimento enzimático ocorra, sendo os principais descritos a seguir.

- **Branqueamento:** esse procedimento consiste em um tratamento térmico curto para inativar as enzimas antes de envase ou congelamento, por exemplo. No entanto, ele não é recomendado para alimentos a serem consumidos frescos. Há ainda outros processos físicos não térmicos empregados para inativar a enzima, tais como alta pressão hidrostática, irradiação, campo elétrico pulsado e ultrassom.
- **Exclusão de O_2:** conforme pode ser observado na Figura 3.4, o oxigênio tem participação ativa nessa reação, que não ocorre em sua ausência. Dessa forma, a imersão de frutas ou vegetais cortados em banho de água (com ou sem açúcares ou sal) retarda esse processo. Essa é uma estratégia bastante simples e muitas vezes feita em casa, por exemplo, imergindo batatas em água conforme vão sendo cortadas. Outra forma de exclusão de oxigênio consiste no uso de embalagens com atmosfera modificada (p. ex., embalagens a vácuo). Porém, como esse processo não inativa a enzima, o escurecimento pode voltar a ocorrer quando o alimento é novamente exposto ao oxigênio.
- **Uso de agentes quelantes:** as polifenoloxidases são metaloenzimas contendo cobre como grupo prostético, portanto agentes que quelam esses metais (p. ex., EDTA) inibem a ação dessas enzimas.

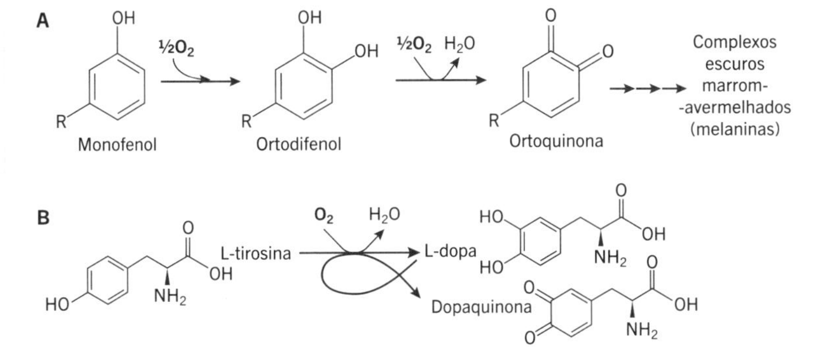

FIGURA 3.4 Mecanismo bioquímico do escurecimento enzimático em alimentos (A) e ação da tirosinase (B).

- **Uso de antioxidantes:** devido a sua ação redutora, os antioxidantes (p. ex., ácido ascórbico) se contrapõem às reações de oxidações catalisadas pela polifenoloxidase, reduzindo quinonas novamente para difenóis. Alguns agentes redutores (p. ex., sulfitos e cisteína) podem ainda reagir com quinonas ou provocar modificações (inativação) na enzima, impedindo o prosseguimento da reação.
- **Uso de acidulantes:** o pH ótimo das PFO costuma estar na faixa de 4 a 7, de modo que a acidificação do meio reacional pode impedir ou retardar o escurecimento enzimático. Os principais acidulantes empregados para esse fim são ácidos normalmente encontrados em alimentos (p. ex., ácidos cítrico, málico, ascórbico).
- **Uso de inibidores enzimáticos:** compostos com estrutura química semelhante à dos substratos fenólicos, mas que não são substratos para a PFO (p. ex., guaiacol, resorcinol, ácido ferúlico, ácido cinâmico, ácido benzoico), podem inibir a ação dessa enzima. Sais de cloretos (p. ex., NaCl) também podem inibir a ação enzimática, especialmente em baixos valores de pH.

Em alguns casos, um mesmo composto pode atuar por meio de diferentes mecanismos. Proteínas, peptídeos ou aminoácidos, por exemplo, podem reagir com as o-quinonas ou quelar cobre; já o ácido ascórbico atua principalmente por sua ação antioxidante e acidulante. Por outro lado, compostos que atuam por diferentes mecanismos podem apresentar sinergia em evitar a ocorrência do escurecimento enzimático. Isso é o que ocorre em alguns alimentos (ou seus extratos), que podem conter diferentes compostos que atuam sinergicamente evitando a ocorrência dessa reação enzimática.

Dada a similaridade bioquímica entre o escurecimento enzimático e a melanogênese que ocorre nos melanócitos (Figuras 3.3 e 3.4), pode-se inferir que algumas das estratégias efetivas de inibição do escurecimento enzimático em alimentos podem também ser consideradas em formulações cosméticas que visem à diminuição da melanogênese (clareamento) na pele. De fato, isso já é uma realidade em alguns produtos cosméticos, como será abordado na sequência.

USO DE ALIMENTOS OU SEUS COMPONENTES EM FORMULAÇÕES COSMÉTICAS PARA CLAREAMENTO DA PELE

O exemplo mais emblemático de inibição do escurecimento enzimático em alimentos que pode se transpor para a ciência cosmética é o uso de ácido ascórbico (vitamina C). O ácido ascórbico vem sendo usado em cosmetologia por ser um potente antioxidante capaz de neutralizar o estresse oxidativo por meio de um processo de doação/transferência de elétrons. Assim, quando aplicada topicamente, a vitamina C pode neutralizar espécies reativas de oxigênio (ERO) desencadeadas pela exposição à radiação solar e fatores ambientais, como fumaça e poluição. Estudos também indicam que a vitamina C é eficaz no tratamento de hiperpigmentação cutânea. Essa atividade parece estar relacionada a sua capacidade de interferir no sítio ativo da tirosinase, a enzima limitadora da melanogênese. Assim, o uso dessa vitamina em formulações cosméticas tem se mostrado uma tendência no setor de cosméticos.

Além do ácido ascórbico, outras substâncias vêm sendo usadas para promover o clareamento da pele, por exemplo: retinoides, ácidos lático, kójico e tranexâmico. Adicionalmente, alguns alimentos (ou seus extratos) contêm inibidores das PFO, que causam escurecimento dos alimentos. Exemplos de agentes antiescurecimento naturais que merecem destaque são o mel, extrato de látex de mamão, extrato de folha de banana, extratos de cebola (e seus subprodutos) ou alho e extrato de farelo de arroz (Simpson, 2012). Outros exemplos podem inclusive ser encontrados em produtos comerciais. No caso de cosméticos, é possível encontrar recentemente produtos ricos em compostos fenólicos (antioxidantes) com alegações de benefícios para a pele. Além de potencialmente atuarem no clareamento, formulações com esses antioxidantes auxiliam na saúde da pele e evitam o envelhecimento precoce devido a sua ação contra os processos oxidativos. Como exemplos, tem-se produtos cosméticos adicionados de ácido gálico, ácido ferúlico e resveratrol. Esses e outros inibidores de tirosinase naturalmente presentes nos alimentos podem ser aplicados em cosméticos com possíveis clareadores da pele. Isso demonstra que há um potencial a explorar para o uso de compostos oriundos de alimentos em formulações cosméticas com ação no clareamento da pele (mais exemplos na seção "Enzimas alimentícias e inibidores enzimáticos com finalidades cosméticas", no Capítulo 6).

A ciência cosmética tem explorado as propriedades funcionais de diversos alimentos, como café, cúrcuma e iogurte, para oferecer ao mercado ativos que agregam diferenciais a formulações de produtos para cuidado corporal e capilar. Com o expressivo crescimento do mercado de cosméticos de clareamento cutâneo, a indústria constantemente procura alternativas capazes de auxiliar na manutenção de uma pele uniforme e livre de manchas, pontos intimamente atrelados a questões psicológicas de autoestima e bem-estar. Um dos mecanismos mais abordados é a inibição da enzima tirosinase, que exerce um papel importante na formação de melanina. Com o aumento da tendência de alternativas de apelo natural, os alimentos, como frutas e verduras, têm se tornado um ponto de partida para a busca de ativos cosméticos.

Um artigo apresentado no Congresso Brasileiro de Cosmetologia (Orrilo Lindo et al., 2023) relatou um meio de avaliar o conhecimento popular no uso de alimentos para a finalidade cosmética de clareamento de pele em diferentes países. A investigação iniciou com análises de vídeos da plataforma YouTube e de páginas da internet, utilizando palavras-chave em inglês, português e espanhol. Foram analisados 35 vídeos de 11 países diferentes, os quais mencionaram 18 variedades de alimentos de origem vegetal. Dentre eles, os que apresentaram maior frequência foram o arroz (*Oryza sativa*), com 18,5%, a batata (*Solanum tuberosum*), com 14,8%, e o mamão (*Carica papaya*), com 9,9%. Em relação às páginas da internet, foram avaliadas 30 páginas de 9 países diferentes, que mencionaram 22 variedades de alimentos. Dentre eles, os que apresentaram maior frequência de menções foram o limão (*Citrus limon*), com 12,8%, a batata (*Solanum tuberosum*), com 9,3%, e o iogurte natural, com 8,7%. O uso popular indica a aplicação direta na pele da extração em forma de suco, misturas e cascas. Com os dados coletados e comparados à revisão bibliográfica é possível iniciar um estudo para avaliar a real possibilidade de obter ativos com potencial efeito clareador para aplicação industrial pela dinâmica de *upcycling*, ou seja, diminuir a quantidade de resíduos utilizando-os para uma finalidade de alto valor agregado.

Conforme visto anteriormente, a melanogênese é iniciada pela enzima tirosinase, que por sua vez se encontra no melanócito e é produzida exclusivamente por essa célula. Assim, uma das formas em estudo de regulação dessa cadeia de reações tem como base a inibição da ação da enzima tirosinase como protagonista para o combate da hiperpigmentação, pois ela é um fator limitante desse processo. Vários agentes de clareamento de pele utilizados pela indústria cosmética atuam impedindo diretamente a atividade catalítica da tirosinase, sendo importantes exemplos comerciais o ácido L-ascórbico, o ácido kójico, o ácido azelaico, o ácido elágico, o arbutin e a hidroquinona. Infelizmente, alguns desses agentes podem conter certos inconvenientes, como instabilidade do próprio ativo, no caso do ácido L-ascórbico, baixa biodisponibilidade atribuída ao ácido elágico ou até mesmo atividade mutagênica associada à hidroquinona, que também é caracterizada pelo aparecimento de dermatites, irritação e sensação de queimação cutânea (Pillaiyar et al., 2017; Pillaiyar et al., 2018). Esses exemplos demonstram como é importante a busca contínua por mais alternativas.

4

Biotecnologia de alimentos

INTRODUÇÃO

Para muitas pessoas, o termo "biotecnologia de alimentos" pode remeter a técnicas ou processos muito modernos de produção de alimentos. Em muitos casos, pode parecer sinônimo de processos e produtos obtidos com o uso de ferramentas da biologia molecular no setor agroalimentar, o que inclui, por exemplo, a produção de alimentos transgênicos. De fato, esses aspectos se enquadram na classificação de "biotecnologia de alimentos", mas o conceito é bem mais abrangente. Na verdade, a origem da biotecnologia de alimentos remete aos primórdios da civilização, pois alimentos obtidos de modo empírico com o uso de microrganismos ou enzimas (p. ex., queijos, pães, bebidas fermentadas) existem há milhares de anos, embora os princípios bioquímicos e microbiológicos por trás desses processos só tenham começado a ser compreendidos há aproximadamente dois séculos.

Assim, a biotecnologia de alimentos pode ser entendida como o conjunto de técnicas que envolvem o uso de agentes biológicos (microrganismos, enzimas ou cultura de células) para aprimorar processos, obter novos produtos ou melhorar a qualidade de produtos da cadeia agroalimentar, incluindo aí os alimentos ou insumos agroindustriais obtidos com ferramentas da biologia molecular. Essa classificação vale não só para os produtos alimentares propriamente ditos (p. ex., produtos fermentados), mas também para ingredientes de formulações.

Para o contexto deste livro, serão citados a seguir alguns exemplos de produtos oriundos da chamada "biotecnologia clássica" (alimentos obtidos por meio de fermentações) e, na sequência, maior enfoque será dado aos principais ingredientes da indústria de alimentos que podem ser obtidos por processos fermentativos ou enzimáticos. Obviamente, todos os produtos citados neste capítulo podem ser obtidos por microrganismos ou enzimas "engenheiradas", mas esse aspecto não é o foco do livro e não será detalhado no texto.

ALIMENTOS FERMENTADOS

A fermentação surgiu empiricamente como método de conservação que, ao mesmo tempo, provocava um impacto favorável significativo em outros atributos dos alimentos. Assim, as fermentações de alimentos originalmente emergiram como ferramenta para desenvolver alterações desejáveis em termos sensoriais, nutricionais e/ou tecnológicos, uma vez que o processo poderia melhorar alguns aspectos dos alimentos (após a fermentação), como aumento de vitaminas, melhora na digestibilidade, diminuição de toxicidade ou de fatores antinutricionais, melhora na "vida de prateleira", na estabilidade ou na segurança microbiológica, além de efeitos desejáveis no aroma e sabor (Tabela 4.1).

Atualmente, o mercado de alimentos fermentados movimenta mundialmente dezenas de bilhões de dólares e tem como principais setores as bebidas fermentadas, os produtos lácteos fermentados, produtos de confeitaria e panificação fermentados, produtos cárneos e pescados fermentados, entre outros.

TABELA 4.1 Efeitos das fermentações nos alimentos

Matéria-prima	Estabilidade	Segurança	Valor nutricional	Aceitabilidade
Carnes	++	+	–	(+)
Peixe	++	+	–	(+)
Leites	++	+	(+)	(+)
Vegetais	+	(+)	–	(+)
Frutas	+	–	–	++
Legumes	–	(+)	(+)	+
Cereais	–	–	(+)	+

++: melhora definitiva.
+: geralmente algumas melhoras.
(+): alguns casos de melhora.
–: sem melhora.
Fonte: Adams, p.311.

A maioria dos alimentos fermentados é obtida pela ação de bactérias láticas e fungos, especialmente as leveduras. Em alguns casos, como o kefir, as duas classes de microrganismos podem estar presentes. A seguir, serão apresentadas, de forma resumida, algumas das características dos principais alimentos obtidos por processos fermentativos.

- **Produtos lácteos fermentados:** há uma diversidade de produtos lácteos fermentados, cujas especificidades dependem das condições de produção (tempo e temperatura do tratamento térmico, temperatura de fermentação, quantidade de inóculo, tempo de fermentação), mas principalmente das culturas microbianas utilizadas. O iogurte, por exemplo, emprega uma cocultura das bactérias láticas *Streptococcus thermophilus* e *Lactobacillus delbrueckii* subs. *bulgaricus*. Outros produtos lácteos fermentados, como o kefir e o kumis, são fermentados por uma comunidade de bactérias e leveduras.
- **Queijo:** é o produto da coagulação do leite que normalmente ocorre como resultado da adição do coalho, que provoca uma desestabilização enzimática das micelas de caseína, causando coagulação, embora esta também possa ocorrer pela acidificação do leite, de forma independente de enzimas. Em muitos casos, o leite sofre adição de culturas microbianas responsáveis pelo desenvolvimento das características sensoriais desejáveis no produto final; em queijos de coagulação ácida, elas são responsáveis pela acidificação que leva à coagulação. Como no caso dos produtos lácteos fermentados, a particularidade de cada queijo depende das condições de processamento, mas a cultura microbiana é talvez o principal parâmetro que diferencia os queijos. As bactérias láticas são as principais culturas *starter* empregadas nos queijos, mas ocasionalmente são adicionadas outras culturas para conferir características particulares a tipos específicos de queijo. Como exemplo, destacam-se as bactérias do gênero *Propionibacterium*, responsáveis pela formação de olhaduras desejáveis em certos queijos, e também as culturas fúngicas, como os bolores *Penicillium roqueforti* (queijos tipo azul) e *P. camemberti* (queijos tipo brie e camembert), cujas enzimas lipolíticas e proteolíticas são fundamentais para conferir as características sensoriais desses produtos.
- **Vegetais fermentados:** diferentes vegetais (cenoura, pepino, couve-flor, vagem, repolho etc.) podem ser fermentados para dar origem a produtos como picles, chucrute e azeitonas de mesa. Um dos principais pontos críticos do processo fermentativo está relacionado à adição de sal (ou salmoura), que, combinado a um ambiente sem exposição ao ar, auxilia no

crescimento seletivo das bactérias láticas responsáveis pelo desenvolvimento sensorial do produto. Porém, os microrganismos predominantes em cada momento da fermentação variam de acordo com a dinâmica de cada processo. No caso do chucrute, por exemplo, o início do processo é caracterizado pela predominância da bactéria *Leuconostoc mesenteroides*, que posteriormente dá lugar a lactobacilos heterofermentativos e, na sequência, a lactobacilos homofermentativos e mais tolerantes ao ácido (como *Lactobacillus plantarum*).

- **Produtos cárneos fermentados:** a fermentação também foi adotada empiricamente como método de conservação de produtos cárneos. Ainda hoje essa fermentação é amplamente empregada com a finalidade de conferir atributos sensoriais únicos a salames, pepperoni, presuntos crus e copas. Nesse caso, as culturas empregadas, particularmente bactérias láticas (dos gêneros *Lactobacillus* e *Pediococcus*) e cocos coagulase-negativo e catalase-positivo (em particular, espécies dos gêneros *Staphylococcus* e *Micrococcus*), atuam acidificando o produto e aprimorando seu sabor. Culturas de leveduras (*Debaryomyces hansenii*, *Candida famata*) ou fungos filamentosos (*Penicillium nalgiovense* ou *P. chrysogenum*) também podem ser aplicadas para conferir atributos particulares de sabor devido a sua ação enzimática, além de evitar a proliferação de bolores indesejáveis durante o período de maturação.
- **Pães:** existem diferentes formas de produzir pães, porém o mais comum consiste em utilizar um fermento caracterizado pela presença da levedura *Saccharomyces cerevisiae*. Assim como no caso da produção de bebidas alcoólicas fermentadas, o principal processo bioquímico durante a obtenção da massa de pão é a fermentação alcoólica, que converte os açúcares fermentescíveis em etanol e CO_2 (ambos eliminados após o assamento). No caso do pão, esse gás é o que provoca o aumento do volume, o que, em última análise, caracteriza a forma e a textura esperadas para esse produto. Há ainda os pães de fermentação natural (*sourdough*), que, além da levedura, contam com a presença de bactérias láticas responsáveis por conferir certa acidez ao produto final.
- **Bebidas alcoólicas:** são obtidas a partir da fermentação dos carboidratos pela ação de leveduras formando uma mistura de etanol e CO_2. O processo bioquímico subjacente é o mesmo da produção de pães, mas nesse caso o interesse maior é pelo etanol. No caso de suco de frutas (uva, maçã, laranja etc.), os açúcares livres são diretamente fermentados pela levedura, ao passo que produtos amiláceos (arroz, cevada, trigo etc.) requerem uma etapa prévia de hidrólise enzimática do amido para formar

os chamados açúcares fermentescíveis (Figura 4.1). Essa sacarificação do amido pode ser executada de três formas básicas, a depender da fonte da enzima: (i) uso de amilase salivar, como é comum para alguns povos indígenas (p. ex., cauim); (ii) uso de amilases endógenas dos cereais (p. ex., cerveja puro malte), como as presentes na cevada germinada e seca (malte); (iii) uso de microrganismos (fermentação prévia) que hidrolisam o amido (p. ex., saquê). Esse processo também antecede a segunda fermentação que ocorre durante a produção do molho de soja. Vale destacar que parte do malte pode ser substituída por enzimas microbianas industriais e cereais não maltados visando à redução do custo de produção da cerveja.

- **Vinagre**: é, basicamente, uma solução de ácido acético normalmente próxima a 4%. Embora ele tenha sido tradicionalmente obtido a partir do vinho, muitas outras matérias-primas podem ser utilizadas. O primeiro passo para a obtenção do vinagre consiste em obter uma bebida alcoólica por meio de uma fermentação com leveduras, conforme citado no tópico anterior. Na sequência, o etanol contido nessa bebida é oxidado por bactérias acéticas dos gêneros *Acetobacter* e *Gluconobacter*, que transformam aerobicamente etanol em ácido acético (Figura 4.1). Há três métodos básicos de produção do vinagre, que variam em termos de tempo de processo e complexidade dos equipamentos. O mais clássico (processo Orleans), e também mais lento (semanas), é feito em barricas preenchidas parcialmente e gera os produtos mais complexos em termos sensoriais. Os mais recentes são feitos em equipamentos mais sofisticados com aeração, agitação e controle de temperatura, gerando vinagre em questão de horas, mas sensorialmente mais simples. Um processo intermediário pode ser feito em alguns dias por meio de um "gerador de vinagre", que é um aparato relativamente simples por onde o vinho em fermentação circula, mantendo uma grande área de contato com materiais inertes contendo as bactérias.
- **Proteína microbiana (*single cell protein*)**: a biomassa microbiana costuma ser muito rica em proteínas, em alguns casos passando dos 70% da composição em massa seca. Por esse motivo, em meados do século XX, o uso desse material para alimentação (humana ou animal) passou a ser considerado. Após um período de queda no interesse por tais processos, recentemente houve uma "redescoberta" da proteína microbiana em virtude do interesse pela alimentação vegana. Essa fonte proteica traz, de fato, muitas vantagens, como a rapidez de obtenção, o fato de não requerer terra arável, a independência de fatores sazonais, a consistência

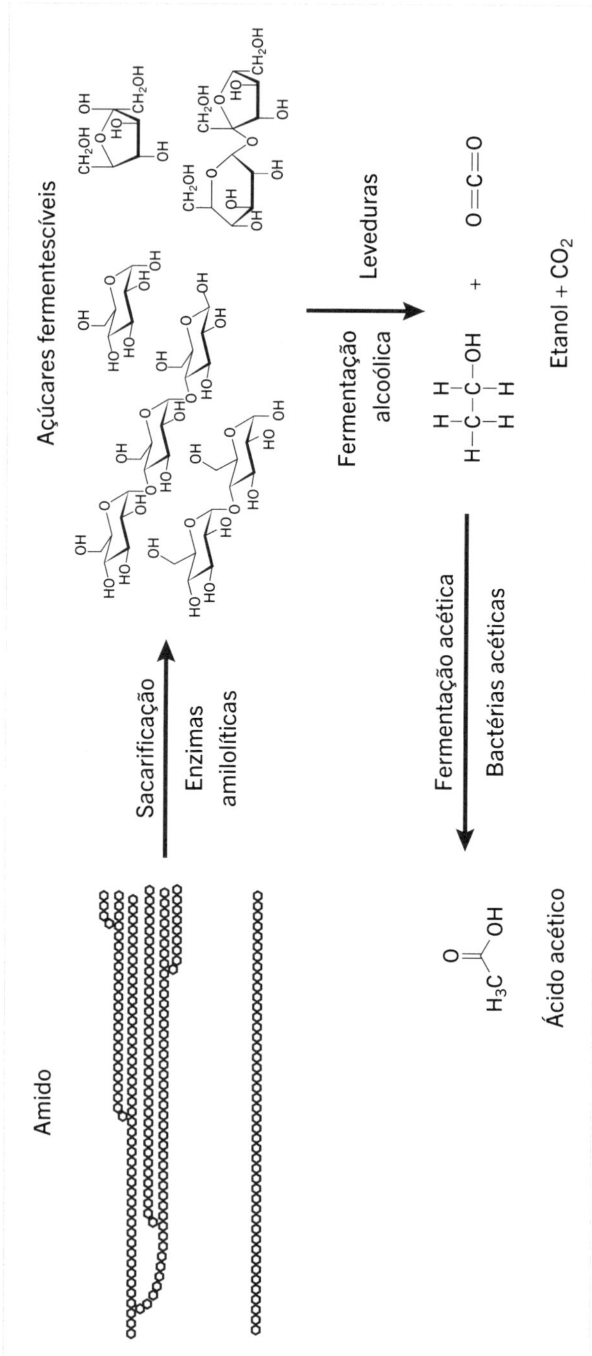

FIGURA 4.1 Processos bioquímicos envolvidos na produção de bebidas alcoólicas e vinagre a partir de produtos amiláceos ou sucos de frutas.

na qualidade e a possibilidade de produção empregando substratos de baixo custo (p. ex., resíduos e subprodutos agroindustriais). Porém, a biomassa microbiana também é rica em ácidos nucleicos, que são metabolizados a ácido úrico e podem ocasionar problemas como gota e pedra nos rins. Possíveis reações alérgicas a tais produtos também devem ser consideradas. Há alguns processos possíveis em larga escala, o principal deles sendo o que utiliza *Fusarium venenatum* (Quorn™) e que envolve um processo térmico final para redução do teor de ácidos nucleicos na biomassa para níveis aceitáveis.

Além desses "produtos finais", outros componentes alimentares, empregados em formulações ou no processo de produção de alimentos, também podem ser obtidos com o uso de microrganismos ou enzimas, conforme descrito na próxima seção.

INGREDIENTES ALIMENTARES OBTIDOS POR VIA BIOTECNOLÓGICA

Microrganismos e enzimas podem ser empregados não apenas na produção de alimentos "finais", mas também na produção de componentes dos alimentos, bem como auxiliar nos processos de produção de alimentos ou ingredientes (no caso das enzimas). Os principais aspectos positivos que motivam a adoção dessas ferramentas na indústria de alimentos são:

- Os produtos obtidos a partir desses processos, quando partem de substratos naturais, podem também ser considerados naturais. Embora essa seja uma vantagem muito relevante do ponto de vista de mercado, vale relembrar e reforçar que o *status* de "natural" de um produto não é atestado de qualidade ou segurança ou ausência de riscos toxicológicos. Como exemplo, basta mencionar as proibições ao uso de óleos essenciais e extratos de fava-tonca, sassafrás e sabina em alimentos (Resolução RDC n. 2, de 15 de janeiro de 2007).
- Enquanto os produtos extraídos de plantas sofrem efeitos da sazonalidade, os compostos derivados de bioprocessos não sofrem influências climáticas ou geográficas, o que resulta em maior padronização. Ademais, a produção de bioprodutos pode ocorrer (ao menos em teoria) de forma ininterrupta.
- Bioprocessos ocorrem em condições controladas e apresentam rendimento previsível e otimizável, sendo compatíveis com processos auto-

matizados. Alterações nas condições de processo, o que pode ser feito de maneira relativamente simples, pode melhorar significativamente a produção do produto de interesse.

- Os bioprocessos normalmente ocorrem em condições brandas (temperatura e pressão próximas às do ambiente, pH próximo da neutralidade), em contraposição a processos de síntese química, que, além de muitas vezes requererem condições mais severas (e consequentemente maior consumo energético), podem fazer uso de catalisadores e reagentes danosos ao meio ambiente. Por outro lado, problemas relacionados ao extrativismo, que pode estar relacionado a produtos de origem vegetal, podem ser contornados empregando a produção biotecnológica.
- Por fim, vale destacar que os bioprocessos podem originar novos produtos, não encontrados em vegetais ou animais (p. ex., algumas enzimas termoestáveis, alguns pigmentos azuis), ou cuja produção química possa ser muito complexa e inviável (p. ex., vitamina B12).

Na sequência serão apresentados os principais exemplos de produtos de origem biotecnológica com produção comercial e aplicações industriais.

Aminoácidos

Os aminoácidos são substâncias com caráter anfótero, ou seja, apresentam um grupo carboxílico (ácido) e alfa-amino (básico) em uma mesma molécula, o que as torna muito versáteis. Sua principal importância biológica reside no fato de, quando polimerizados, formarem as proteínas. Estas, por sua vez, participam de diversos processos fisiológicos vitais para as células, desde funções catalíticas (enzimas) até papéis no transporte (p. ex., solutos através de membranas, gases em fluidos corporais), movimento (p. ex., flagelo, contração muscular), suporte mecânico (colágeno), entre outros (Figura 4.2). Em suma, os aminoácidos são essenciais para a vida como a conhecemos. Dessa forma, há um mercado pujante de aminoácidos, de dezenas de bilhões de dólares, voltados para diferentes atividades comerciais.

Os principais setores consumidores desses aminoácidos são as indústrias de alimentos e de ração animal, e, em menor grau, as indústrias farmacêutica, de cosméticos e química. No caso da indústria de alimentos, o principal aminoácido empregado é o ácido glutâmico (em sua forma de sal sódico, glutamato monossódico), que é empregado como agente saborizante por acentuar o sabor dos alimentos (gosto umami). Em rações animais, há forte demanda por L-lisina, metionina e L-treonina, que são

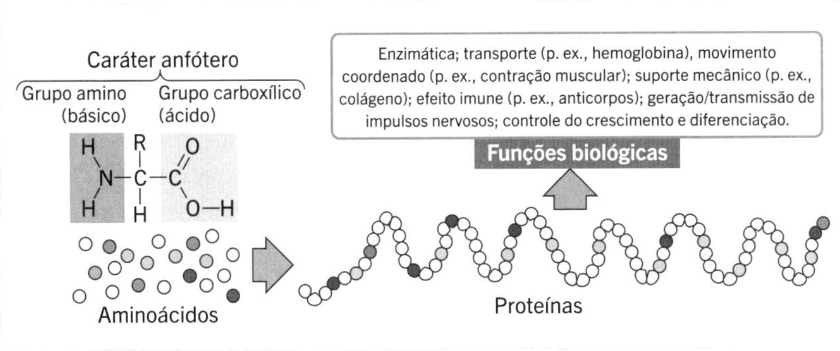

FIGURA 4.2 Aminoácidos e sua importância para as células.

os principais aminoácidos limitantes em rações dos animais de criação. Nesse caso, a suplementação com esses aminoácidos se justifica por razões tanto econômicas (reduz o custo das rações, melhora o ganho de peso) como ambientais (reduz a quantidade de excrementos e de excreção de compostos nitrogenados).

Com exceção da metionina (que é obtida por processos químicos), todos os demais aminoácidos citados no parágrafo anterior são obtidos por processos fermentativos industriais, conforme apresentado a seguir.

No caso do glutamato monossódico, ele é produzido pela fermentação de carboidratos empregando a bactéria *Corynebacterium glutamicum*, que converte o alfa-cetoglutrato (intermediário do ciclo do ácido cítrico) em glutamato pela ação da enzima glutamato desidrogenase (Figura 4.3). Já para L-lisina e L-treonina, ambas são produzidas a partir da mesma rota

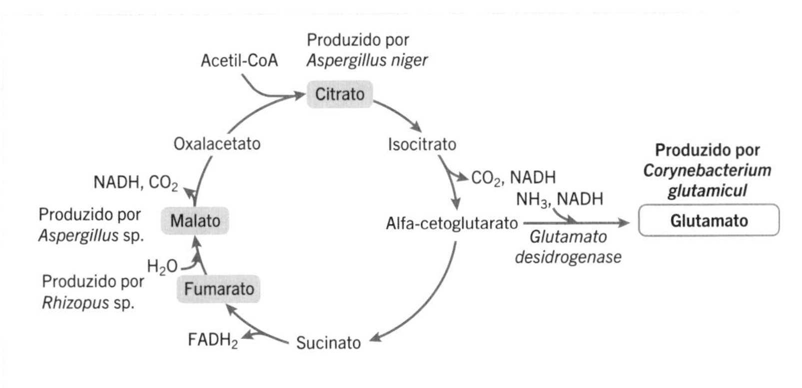

FIGURA 4.3 Ciclo de Krebs com destaque para os ácidos (em cinza) e o glutamato (em negrito), com os principais microrganismos produtores de cada um deles.

biossintética (a partir do aminoácido L-aspartato), em conjunto com outros aminoácidos. Os principais microrganismos empregados nesses casos são *C. glutamicum* (l-lisina) e *Escherichia coli* geneticamente modificada (L-treonina), que apresentam características bioquímicas peculiares necessárias para permitir o acúmulo específico desses metabólitos de interesse.

Vale destacar ainda o uso da L-fenilalanina (que também pode ser obtida por fermentação com *C. glutamicum* ou *E. coli* geneticamente modificada) e do ácido L-aspártico (obtido a partir do ácido fumárico pela ação da enzima aspartase), dois aminoácidos necessários para a produção de aspartame, largamente empregado pela indústria de alimentos como adoçante. O processo de síntese desse adoçante, por sinal, também envolve uma etapa enzimática (Figura 4.4).

Ácidos orgânicos

Os ácidos orgânicos são moléculas contendo um ácido carboxílico (-COOH) como grupo funcional. Essas substâncias são muito importantes em termos bioquímicos, pois são intermediárias em diferentes vias metabólicas, e industriais, com diversas aplicações nas indústrias de alimentos, farmacêutica e química.

Em alimentos, esses ácidos podem apresentar variadas funções tecnológicas, que decorrem principalmente de suas ações acidificante ou tamponante. Entre os principais atributos associados aos ácidos orgânicos, destacam-se o sabor ácido (desejável em alguns alimentos) e a preservação ou a estabilidade microbiológica, além de alguns deles (ácidos ascórbico e cítrico) terem ação antioxidante e gerarem efeitos benéficos na cor (estabilização de cor em carnes curadas e inibição do escurecimento enzimático). Os principais ácidos orgânicos em alimentos são os ácidos cítrico, acético, lático, ascórbico, málico, fumárico e glicônico (Figura 4.5), que serão discutidos em mais detalhes a seguir.

O ácido cítrico é um ácido tricarboxílico com alta solubilidade em água e capaz de quelar metais, o que é importante para sua ação inibitória contra oxidação lipídica (quela metais pró-oxidantes) e contra escurecimento enzimático (quela cobre do sítio ativo da enzima). Ele também pode ser empregado como agente tamponante, o que contribui para a regulação de acidez e estabilização de produtos (p. ex., lácteos). Esse ácido foi por muito tempo recuperado de fontes vegetais (frutas cítricas), mas atualmente pode ser produzido em larga escala com o uso de biorreatores operados aerobicamente, sendo um dos primeiros (desde a década de 1920) e um dos

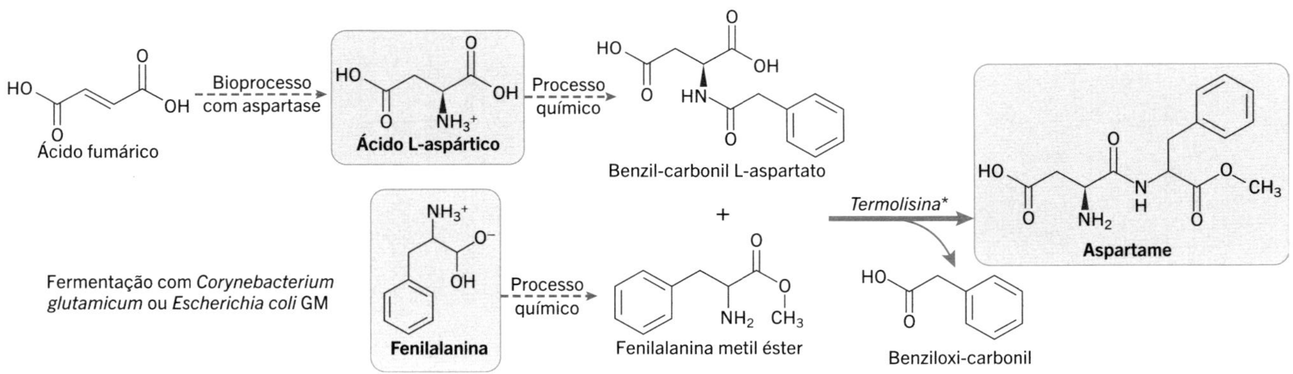

FIGURA 4.4 Síntese do edulcorante aspartame.

* Metaloprotease de *Bacillus thermoproteolyticus*.

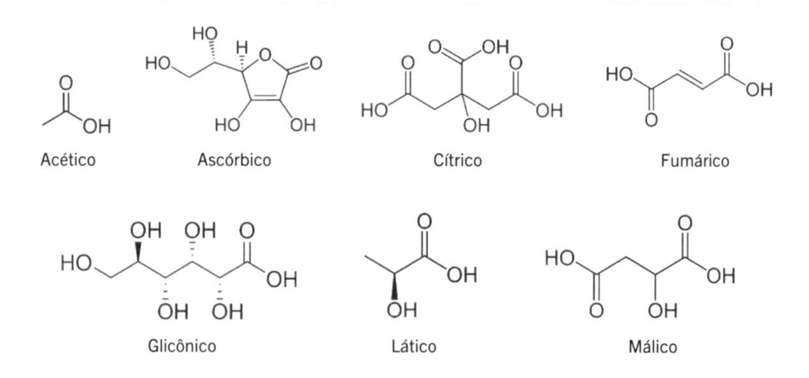

FIGURA 5 Principais ácidos orgânicos em alimentos.

principais compostos comerciais obtidos por fermentação (mercado anual próximo a 2 milhões de toneladas e US$ 2 bilhões).

O ácido cítrico é um intermediário do ciclo que leva seu nome (também chamado Ciclo dos Ácidos Trícarboxílicos ou Ciclo de Krebs), e sua produção requer microrganismos que não estejam em condições de evitar seu acúmulo. Por exemplo, são necessárias linhagens cuja enzima fosfofrutocinase não seja inibida alostericamente por citrato, que haja concentração subótima de alguns minerais (cofatores de enzimas do ciclo do ácido cítrico), além de um pH baixo (inibe isocitrato desidrogenase). Essas condições, em conjunto com substâncias que afetam a composição e a permeabilidade da membrana celular (p. ex., etanol, metanol), estimulam o acúmulo e a secreção do ácido cítrico pela célula. O principal microrganismo empregado industrialmente, nesse caso, é o fungo *Aspergillus niger*, que pode produzir duas dezenas de g/L de ácido cítrico em uma batelada.

Os ácidos acético e lático são produzidos, respectivamente, pelas bactérias acéticas e láticas e são componentes-chave de, respectivamente, vinagre e produtos lácteos fermentados. Apesar de serem altamente relevantes para a indústria de alimentos, não serão apresentados maiores detalhes, uma vez que seus processos de produção já foram citados anteriormente (na Introdução do Capítulo 4). Curiosamente, as bactérias acéticas são também fundamentais no processo de produção de ácido ascórbico. Esse ácido, cuja principal função é a atividade vitamínica (vitamina C), além de ser excelente antioxidante hidrossolúvel (*vide* a seção "Antioxidantes", no Capítulo 2), é produzido quimicamente a partir de glicose. Porém, uma etapa específica requer uma oxidação regioespecífica em C5, convertendo D-sorbitol a L-sorbose. Por esse motivo, essa etapa emprega *Gluconobacter oxydans* como biocatalisador no processo clássico de produção de ácido ascórbico (processo Reichstein).

Os ácidos fumárico e málico são ambos intermediários do ciclo do ácido cítrico e são empregados como acidulantes e reguladores de acidez ou estabilizantes em alimentos. A principal forma comercial de produção desses ácidos é por via química, embora existam diversos bioprocessos com potencial aplicação industrial disponíveis. Os principais processos fermentativos para a produção do ácido fumárico são descritos para fungos do gênero *Rhizopus*, enquanto no caso de ácido málico há diversos microrganismos produtores já descritos, destacando-se fungos do gênero *Aspergillus*. Nos dois casos, é necessário também garantir condições de processo que propiciem o acúmulo e a secreção desses metabólitos.

Por fim, o ácido glicônico, apesar do mercado menor (em comparação aos exemplos anteriores), encontra diversas aplicações não só em alimentos, mas também em rações, produtos farmacêuticos e cosméticos, entre outros. Ele pode ser produzido por fermentação a partir de glicose empregando-se o fungo *Aspergillus niger*.

Enzimas

Enzimas são catalisadores biológicos presentes em todas as células, capazes de aumentar a velocidade de uma reação química milhões (chegando a trilhões) de vezes. Em última análise, essa capacidade catalítica é o que torna possível a vida como a conhecemos. O interesse por elas como biocatalisadores em processos industriais também ocorre devido a outras características, que as diferenciam dos catalisadores químicos convencionais, tais como sua ação em condições brandas (temperatura ambiente, pressão atmosférica, pH fora de extremos) e sua elevada especificidade, o que pode ser determinante em certos casos (p. ex., síntese de fármacos).

As enzimas industriais podem ser obtidas de fontes animais (p. ex., renina para produção de queijos e enzimas digestivas empregadas como auxiliares digestivos), vegetais (p. ex., papaína e bromelina, proteases que podem ser utilizadas na fabricação de cerveja e amaciamento de carne) ou microbianas. As últimas dominam o mercado, dado que sua produção (por bioprocessos) é compatível com grande escala, não sofre com efeitos da sazonalidade e podem ser produzidas de forma virtualmente ininterrupta em condições automatizáveis e com rendimentos predizíveis e utilizáveis. Além disso, a produção de enzimas por fermentação pode possibilitar a produção de uma ampla variedade catalítica e estável em diferentes condições, incluindo o uso de microrganismos recombinantes.

O mercado de enzimas, que está na casa de alguns bilhões de dólares anuais, é oligopolizado, o que quer dizer que ele é controlado por poucas empresas. Três delas dominam cerca de três quartos e uma delas detém praticamente metade do mercado global. As principais enzimas industriais são as carboidrases (enzimas que atuam em carboidratos), proteases (enzimas que hidrolisam proteínas), lipases (enzimas que atuam em óleos e gorduras), além de polimerases, nucleases e outras enzimas com aplicação mais restrita. Essas enzimas são direcionadas principalmente para a indústria de alimentos e bebidas e para a formulação de detergentes, sendo outros setores relevantes para esse mercado: biocombustíveis, rações (alimentação animal), têxteis, papel e celulose, cosméticos e cuidados pessoais, entre outros.

Existem diferentes microrganismos capazes de produzir enzimas industriais, e em alguns casos (p. ex., lipases) é possível obter enzimas comerciais de diferentes microrganismos. Porém, de forma geral, as principais plataformas de produção de enzimas são fungos do gênero *Aspergillus* e bactérias do gênero *Bacillus* (Tabela 4.2). Vale destacar que atualmente muitas das enzimas comerciais são obtidas a partir de microrganismos geneticamente modificados capazes de produzir enzimas com características desejáveis de forma altamente eficiente, incluindo enzimas originárias de outros seres vivos (produção heteróloga). O exemplo clássico, nesse caso, é a renina microbiana, que contorna o processo tradicional de fabricação de queijos, ou seja, aquele que envolve a obtenção do abomaso de bezerros ainda não desmamados como fonte do coalho (para coagulação do leite). Atualmente, a mesma enzima dos bezerros pode ser produzida por fermentação empregando microrganismos, especialmente o fungo *Aspergillus niger* var. *awamori* recombinantes, capazes de expressar essa enzima.

Colorantes, vitaminas e compostos relacionados

Atualmente na indústria de alimentos há uma crescente demanda pelo enxugamento da lista de ingredientes, que, quando utilizados, devem preferencialmente ser de origem "natural" em detrimento dos sintéticos. Isso é particularmente importante para os corantes e conservantes, percebidos pela população geral como vilões de uma alimentação saudável. Dessa forma, há uma intensa busca por fontes naturais desses compostos por parte das indústrias cosmética e de alimentos. Consequentemente, a biotecnologia surge como alternativa para suprir essa demanda, pois muitos microrganismos são capazes de produzir uma série de compostos com potencial uso em alimentos e cosméticos, como colorantes e compostos antimicrobianos. Estes serão abordados nesta seção, enquanto aqueles serão discutidos na seção seguinte.

Conforme apresentado no Capítulo 2, colorantes são substâncias fundamentais para a aceitação de um alimento, e, em muitos casos, substâncias com ação corante também podem apresentar outras propriedades de interesse, especialmente atividade antioxidante e vitamínica. Por esse motivo, esta seção agrupa os colorantes, vitaminas e determinados óleos, que podem incorporar atributos nutricionais específicos devido a suas atividades biológicas especiais.

Inicialmente, a pergunta que costuma surgir é: "Por que os microrganismos produzem pigmentos?". A resposta pode ser encontrada em dois pontos principais: ou esses compostos atuam como mecanismos de proteção (contra radiação UV, extremos de calor ou frio, outros microrganismos ou agentes oxidantes) ou participam do processo de fotossíntese (no caso de microrganismos fotossintetizantes). Diante dessa informação, vale relembrar o fato de que muitos colorantes apresentam também ação antioxidante e ocasionalmente atividade antimicrobiana.

Diante das vantagens dos bioprocessos destacados no início da seção "Ingredientes alimentares obtidos por via biotecnológica" do Capítulo 4, tem havido uma intensa atividade de pesquisa recente buscando a produção biotecnológica de colorantes, seja melhorando processos tradicionais, seja obtendo novos compostos. As principais substâncias colorantes e seu respectivo *status* de produção são apresentados na Tabela 4.3, sendo os mais relevantes discutidos a seguir.

O exemplo mais clássico de colorante microbiano são os pigmentos obtidos com fungos do gênero *Monascus*. Esses compostos, cuja coloração pode variar do amarelo ao vermelho, passando pelo laranja, dão à biomassa uma coloração vermelha. Assim, o arroz vermelho fermentado com *M. purpureus* é consumido há anos em países asiáticos, embora seu consumo como alimento não seja permitido no Ocidente devido à possibilidade de produção concomitante de citrinina, uma micotoxina nefrotóxica. Porém, é comum encontrar pigmentos de *Monascus* à venda em farmácias como "fitoterápico", uma vez que há diversos relatos de atividades biológicas benéficas atribuídas a esses compostos, em especial sua capacidade de auxiliar no controle de lipídios séricos.

Os carotenoides correspondem a outro conjunto de pigmentos que podem ser produzidos comercialmente por meio de bioprocessos. Os princi-

TABELA 4.2 Exemplos de enzimas hidrolíticas (hidrolases) produzidas comercialmente, com as respectivas empresas fabricantes e o microrganismo empregado em cada caso

Enzima	Fabricante	Microrganismo
	Amilases	
Termamyl 120L	Novozymes	*Bacillus licheniformis*
	Celulases	
Cellubrix (Celluclast)	Novozymes	*Trichoderma longibrachiatum*
Novozymes 188	Novozymes	*Aspergillus niger*
Viscozyme L	Novozymes	*T. longibrachiatum / T. reesei*
Cellulase 2000L	Rhodia-Danisco	*T. longibrachiatum / T. reesei*
Accelerase 1500	Genecor	*T. longibrachiatum / T. reesei*
Cellulase AP30K	Genecor	*A. niger*
	Lipases	
Lipolase TM	Novo Nordisk	*Humicola lanuginosa*
Piccnate	Novo Nordisk	*Mucor miehei*
SP525 or Novozym 435b	Novo Nordisk	*Candida antarctica A/B*
SP 524 Lipolase	Novo Nordisk	*Geotrichum candidum*
Lipase AY "Amano" 30	Amano	*Candida rugosa*
Lipase A "Amano"	Amano	*A. niger*
	Proteases	
Alcalase	Novo Nordisk	*Bacillus licheniformis*
Savinase, Esperase	Novo Nordisk	*Bacillus sp. alcalofílico*
Opticlean, Optimase	Solvay	*Bacillus sp.*
Proleather	Amano	*Bacillus sp.*
Protease P	Amano	*Aspergillus sp.*
Purafect	Genencor	*Variante de B. lentus*
	Fitases	
Ronozyme, Biofeed, ZY Phytase	Novozymes e DSM	*Aspergillus oryzae DSM 14223*
Rovabio	Genecor	*Penicillium funiculosum*
Natuphos	Basf	*A. niger*

(continua)

TABELA 4.2 Exemplos de enzimas hidrolíticas (hidrolases) produzidas comercialmente, com as respectivas empresas fabricantes e o microrganismo empregado em cada caso (*continuação*)

Enzima	Fabricante	Microrganismo
	Xylanases	
Grindazym PF	Danisco	*A. niger*
Multifect XL	Genecor	*Trichoderma longibrachiatum*
Bio-feed-plus	Novozymes	*Humicola insolens*
Novozym 431	Novozymes	*T. longibrachiatum*
Pulpzyme	Novozymes	*Bacillus sp.*

Fonte: adaptado de Vandenberghe et al. (2016).

pais exemplos são o betacaroteno e a astaxantina, cada qual com aproximadamente um quarto do mercado de carotenoides.

O betacaroteno (pigmento alaranjado) pode ser comercialmente obtido por síntese química, extração de frutas e vegetais ou por produção microbiana, a qual, por sua vez, pode ser de duas formas principais. A primeira delas, que passou a ser produzida na Europa em meados da década de 1990, emprega o fungo *Blakeslea trispora*, que pode acumular 4% ou mais de betacaroteno em sua biomassa. Outro processo biotecnológico de produção de betacaroteno envolve microalgas halotolerantes do gênero *Dunaliella*, que, em condições extremas de salinidade, intensidade luminosa ou limitação de nutrientes, pode acumular de 3 a 5% ou mais desse caroteno na biomassa. Por se tratar de um microrganismo fotossintético, esse tipo de processo deve ocorrer em sistemas iluminados, sejam eles abertos (iluminação solar) ou fechados (fotobiorreatores com iluminação solar ou com lâmpadas).

A astaxantina é um carotenoide de coloração vermelha que dá a cor característica aos crustáceos, flamingo e salmão. Ela apresenta uma capacidade antioxidante muito maior em comparação ao betacaroteno, embora não tenha atividade provitamínica A como este. Sua principal aplicação está no setor de piscicultura, mas nutracêuticos e cosméticos são também mercados muito relevantes para esse carotenoide. Pouco menos da metade da astaxantina é obtida comercialmente de fontes naturais, sendo a principal delas a produção microbiana (além da obtenção a partir de camarão "krill"). O mais importante bioprocesso de produção de astaxantina utiliza a microalga de água doce *Haematococcus pluvialis*, que pode acumular até cerca de 3%

TABELA 4.3 Principais exemplos de colorantes obtidos de microrganismos

Molécula	Cor	Microrganismo	Status
Ancaflavina (azafilona)	Amarelo	*Monascus* sp. (fungo) (muitas companhias asiáticas)	PI
Antraquinonas	Vermelho e outros tons	*P. oxalicum* (e outros fungos) (NaturalRed)	PI
Astaxantina	Vermelho-pink	*H. pluvialis* (microalga) (AstaReal e outras companhias)	PI
		P. carotinifaciens (bacteria) (JX Nippon Oil & Energy)	PI
		Xanthophyllomyces dendrorhous (Phaffia rhodozyma) (levedura) (Ajinomoto e outras companhias)	ED
		Agrobacterium aurantiacum (bactéria)	PP
Azafilonas	Vermelho	*T. atroroseus* (fungo) (patentes da DTU em parceria com Chr. Hansen)	ED
		Penicillium purpurogenum (fungo)	ED
Azulenos	Azul	*Lactarius* sp. (fungo)	PP
Betacaroteno	Amarelo ao laranja	*D. salina* (microalga) (Henkel-Cognis Australia)	IP
		B. trispora (fungo) (DSM Nutritional Products)	IP
		Mucor circinelloides (fungo)	ED
		Fusarium sporotrichioides (fungo)	PP
		Neurospora crassa (fungo)	PP

(continua)

TABELA 4.3 Principais exemplos de colorantes obtidos de microrganismos (*continuação*)

Molécula	Cor	Microrganismo	Status
		Phycomyces blakesleeanus (fungo)	PP
Cantaxantina	Vermelho escuro	*Bradyrhizobium* sp. (bactéria)	PP
Clorofilas	Verde	Muitas microalgas	ED
Indigoidina	Azul	*Erwinia chrysanthemi*, *Streptomyces lavendulae* (bactérias)	PP
Isorenierateno e derivados arila	Laranja	*B. linens* (bactéria)	ED
Luteína	Amarelo	*Chlorella* e muitas outras microalgas	PI
Licopeno	Vermelho	*B. trispora* (fungo) (DSM Nutritional Products)	PI
		Fusarium sporotrichioides (fungo)	PP
Melanina	Preto	*Cryptococcus neoformans var. nigricans* (levedura)	PP
Monascorubramina (azafilone)	Vermelho	*Monascus* sp. (fungo)	PI
Naftoquinona	Vermelho-sangue intenso	*Cordyceps unilateralis* (fungo)	PP
Fenazinas	Ampla faixa de tons	*Pseudomonas* e *Streptomyces* sp. (bactéria)	PP
Ficocianina	Azul	*Arthrospira* sp. (*Spirulina* sp.) e outras microalgas e cianobactérias	PI
		Porphyridium cruentum e muitas outras microalgas e cianobactérias	ED
Prodigiosinas	Vermelho	*Serratia marcescens* e muitas outras bactérias	ED

(*continua*)

TABELA 4.3 Principais exemplos de colorantes obtidos de microrganismos (*continuação*)

Molécula	Cor	Microrganismo	Status
Riboflavina	Amarelo	*Ashbya gossypii* (fungo), *Candida famata* (levedura), *Bacillus subtilis* (bactéria)	PI
Rubrolona	Vermelho	*Streptomyces echinoruber* (bactéria)	ED
Rubropunctatina (azaphilona)	Laranja	*Monascus* sp. (fungo)	PI
Torularrodina	Laranja ao vermelho	*Rhodotorula* sp. (levedura)	ED
Violaceína	Violeta intenso	*Chromobacterium violaceum*, *Janthinobacterium lividum* (bactéria)	ED
Zeaxantina	Amarelo	*Flavobacterium* sp. (bactéria)	ED
		P. zeaxanthinifaciens (bactéria)	PP
Desconhecido	Vermelho	*Paecilomyces sinclairii* (fungo)	PP

ED: estágio de desenvolvimento; PI: produção industrial; PP: projeto de pesquisa.
Fonte: Dufossé (2018).

de astaxantina após a indução da produção sob condições de estresse (elevada intensidade luminosa e limitação de nutrientes). Além desse, há ainda outros processos, menos relevantes em termos comerciais, que empregam leveduras (*Phaffia rhodozyma*) ou bactérias (*Paracoccus carotinifaciens*).

Outra classe de biocolorantes com grande relevância comercial é a dos complexos proteicos fotossintetizantes, destacando-se as ficocianinas, que são empregadas principalmente na indústria de alimentos e bebidas, mas também encontram aplicações em nutracêuticos, aquacultura e alimentação animal, além de cosméticos. A ficocianina-c, que pode ser produzida em larga escala por meio da cianobactéria *Arthrospira* sp. (spirulina), é um pigmento de coloração azul, que é bastante rara na natureza. De fato, a produção de colorantes azuis é um grande desafio para a indústria, pois as poucas opções de origem natural disponíveis carecem de estabilidade adequada. Nesse sentido, mais uma vez os microrganismos surgem como opção atraente para produzir novos compostos azuis e que sejam bastante estáveis. Isso tem impulsionado pesquisas voltadas à descoberta de microrganismos capazes de produzir tais pigmentos.

Dentre as vitaminas, a maior parte delas é obtida por extração ou processos químicos, que ocasionalmente podem recorrer a etapas biocatalíticas, como é o caso do ácido ascórbico (vitamina C), já mencionado na seção "Ácidos orgânicos", no Capítulo 4. Porém, duas delas são obtidas exclusivamente por bioprocessos. A riboflavina, por exemplo, é uma substância de cor amarelada com atividade vitamínica (vitamina B2). Porém, seu uso como colorante é limitado devido a questões sensoriais, pois seu uso em concentrações necessárias para conferir cor resultariam em um produto com odor indesejável e gosto amargo. Sua produção, de alguns poucos milhares de toneladas anuais, é voltada principalmente para suplementação de rações animais, com uma contribuição menor de aplicações farmacêuticas e em alimentos. Ela pode ser obtida comercialmente empregando o fungo *Ashbya gossypii* ou a bactéria *Bacillus subtilis*. O outro caso de produção exclusivamente por processos biotecnológicos é a cobalamina (vitamina B12), uma substância de cor vermelha. Sua produção relativamente pequena (poucas toneladas anuais) é suficiente para atender a demanda global, já que ela é empregada em concentrações muito baixas como suplemento nutricional. Seu preço (milhares de dólares por quilograma) compensa os rendimentos relativamente baixos (dezenas mg/L) obtidos nos dois principais processos de produção: via aeróbica, principal deles, em *Pseudomonas denitrificans*, e anaeróbica, em *Propionibacteria* ou *Salmonella Typhimurium*.

Por fim, embora não sejam classificados como vitaminas, há ainda óleos com características nutricionais e nutracêuticas de destaque, especificamente aqueles ricos em ácidos graxos poli-insaturados (Pufa). Existe um grande número de microrganismos, especialmente fungos e microalgas, capazes de acumular lipídios em sua biomassa, atingindo níveis de até 70%. Esses "óleos microbianos" (*single cell oils* - SCO) podem ter aplicações variadas, desde usos menos sofisticados, como biocombustíveis, a mais nobres, como nutracêuticos. Os exemplos comerciais mais relevantes são aqueles envolvendo a produção de óleos ricos em ácidos araquidônico (C20:4, n-6) e docosa-hexaenoico (C22:6, n-3). Estes são ácidos graxos de grande importância para o desenvolvimento de bebês, uma vez que são encontrados em grandes quantidades no tecido cerebral - sendo fundamentais para o desenvolvimento neural e da retina - e estão presentes no leite materno, mas não no leite de vaca. Assim, uma das principais aplicações atuais desses óleos é justamente na elaboração de fórmulas infantis. Os principais processos comerciais referentes a essa classe de produto estão descritos na Tabela 4.4.

Compostos antimicrobianos

Os compostos antimicrobianos são substâncias capazes de impedir o desenvolvimento de microrganismos indesejáveis, sendo, portanto, empregadas como conservantes (ver a seção "Conservantes" no Capítulo 2) ou sanitizantes nas indústrias de alimentos e cosméticos, além de alguns deles

Tabela 4.4 Principais óleos microbianos obtidos comercialmente

Processo	Microrganismo	Principais ácidos graxos (%)	Companhia
ARA-SCO	*Mortierella alpina*	20:4 n-6 (49), 18:1 (14), 18:0 (11)	DSM
ARA-SCO	*Mortierella alpina*	20:4 n-6 (70)	Wuhan Alking
DHA-SCO	*Crypthecodinium cohnii*	22:6 n-3 (39), 16:0 (20), 18:0 (18)	Martek
DHA-SCO	*Schizochytrium sp.*	22:6 n-3 (25), 16:0 (29), 14:0 (13), 22:5 n-6 (12), 18:0 (12)	OmegaTech
DHA-SCO	*Ulkenia sp.*	22:6 n-3 (46), 16:0 (30), 22:5 n-6 (11)	Nutrinova

Fonte: adaptado de Ratledge (2004).

terem aplicações clínicas, como antibióticos (fármacos). Eles podem ou não ter ação mais específica para alguns grupos de microrganismos: alguns são mais efetivos contra fungos (bolores e leveduras), outros são mais específicos para bactérias, sendo às vezes mais ativos contra as Gram-positivas do que contra as Gram-negativas, ou vice-versa, enquanto outros são mais inespecíficos. Alguns deles atuam apenas inibindo a proliferação microbiana (efeito microbiostático), enquanto outros provocam morte microbiana (efeito microbiocida).

A atividade produtora de compostos com ação antimicrobiana é relativamente comum em seres vivos, dado que essas substâncias costumam ser produzidas como mecanismo de defesa (proteção contra agentes invasores ou competição com outros microrganismos). Esse fato pode ajudar a explicar por que, por exemplo, óleos essenciais, leite, lágrima e ovo apresentam alguns dos mais bem estudados sistemas antimicrobianos naturais. A seguir serão apresentados os compostos antimicrobianos produzidos biotecnologicamente, cuja função primária é a aplicação como conservantes.

Os principais exemplos de substâncias naturais com ação antimicrobiana são as enzimas ou proteínas antimicrobianas, como a lisozima, a lactoferrina e a lactoperoxidase. Por meio de diferentes mecanismos de ação, alguns mais outros menos específicos, podem impedir o crescimento de microrganismos e, assim, ser empregadas como "conservantes naturais" em alimentos (Tabela 4.5).

Outra classe importante de compostos antimicrobianos com uso em alimentos é a das bacteriocinas, moléculas peptídicas produzidas por bactérias, sendo as mais conhecidas as oriundas de bactérias láticas. O principal exemplo, nesse caso, é a nisina. Sua estrutura contendo 34 aminoácidos confere a ela uma ação perante um espectro estreito (ativa contra bactérias Gram-positivas, especialmente esporuladas). Essa substância está no mercado há décadas, é produzida comercialmente pela bactéria *Lactococcus lactis* e, conforme a Instrução Normativa n. 211, de 1º de março de 2023, tem uso autorizado no Brasil em queijos (12,5 mg/kg) e produtos cárneos processados cozidos (25 mg/kg). Dentre seus aspectos desejáveis, destacam-se o fato de ela ser destruída por enzimas digestivas, ser termoestável e não afetar o sabor dos alimentos. Outra substância semelhante à nisina em diversos aspectos é a subtilina, produzida por *Bacillus subtilis*, mas ainda sem uso regulamentado em alimentos.

Por fim, a natamicina (ou pimaricina) é uma substância produzida por *Streptomyces natalensis* que tem atividade inibitória contra bolores e leveduras, mas sem efeito sobre bactérias, protozoários e vírus, uma vez que seu mecanismo de ação envolve a formação de complexos com o ergosterol da

TABELA 4.5 Características das principais enzimas ou proteínas antimicrobianas

	Lisozima	Lactoferrina	Lactoperoxidase
Espectro de ação	Bactérias (esp. Gram-positivas)	Bactérias, fungos, protozoários, vírus	Bactérias, fungos, vírus e parasitas
Princípio de ação	Causam lise celular por clivar ligações glicosídicas beta-1,4 que formam o peptidoglicano bacteriano	Propriedades de ligação com Fe e interação com membrana	Oxidação do tiocianato e alguns haletos (I^-, Br^-) em presença de H_2O_2 gera produtos que matam ou inibem microrganismo
Ocorrência	Leite, ovo, saliva, lágrima	Leite, saliva, lágrima	Leite, saliva, lágrima
Uso em alimentos	Queijos: 25 mg/L de leite; vinho: 500 mg/L[a]	Processamento de carnes frescas e carcaças: 6,2 mg/kg[b]	Coadjuvante de tecnologia[c]

[a] Instrução Normativa n. 211, de 1° de março de 2023.
[b] Nos EUA. Uso não regulamentado no Brasil.
[c] Pode ser utilizada como coadjuvante de tecnologia para controle de microrganismos no processo de fabricação de alimentos semipreparados e de molhos aquosos com pH entre 3,5 e 8, tratados termicamente por processo tecnológico adequado (Portaria SVS/MS n. 161, de 28 de abril de 1997).

membrana celular. A natamicina encontra aplicação em alimentos, rações, produtos farmacêuticos e de cuidados pessoais. No caso de alimentos, seu uso está autorizado na superfície de queijos (5 mg/kg), produtos cárneos processados secos (20 g/kg) e doce de leite (10 g/dm^2). Adicionalmente, há muita pesquisa sendo feita para identificar outros compostos antimicrobianos produzidos por fermentação que possam ser empregados de forma segura em alimentos, cosméticos, no setor agropecuário e aplicações médico-hospitalares, mas que fogem ao escopo deste livro.

Polissacarídeos e surfactantes

Os polissacarídeos microbianos podem ser encontrados em três locais distintos da célula. Há aqueles encontrados no citosol, que servem como fonte de carbono e energia para as células, os constituintes da parede celular, que têm um papel estrutural e de resistência para a célula (p. ex., peptidoglicano), e os extracelulares. No último caso, os então chamados exopolissacarídeos (EPS) são importantes para a formação de cápsula ou biofilme microbiano e, portanto, têm como funções básicas a proteção/adaptação ao ambiente em que o microrganismo se encontra (muitas vezes produzidos sob condições de estresse) e a adesão em suportes, mas não atuam como reserva energética para os microrganismos.

Após investigações, constatou-se que alguns desses EPS poderiam ser produzidos e purificados para serem direcionados a aplicações comerciais como espessantes e estabilizantes. O principal exemplo é a goma xantana (Figura 4.6A), um dos cinco hidrocoloides mais importantes em termos comerciais. Essa goma é produzida comercialmente pela bactéria *Xanthomonas campestris* em uma quantidade de dezenas de milhares de toneladas (e movimenta um mercado de alguns milhões de dólares). Uma particularidade desejável dessa goma é sua pseudoplasticidade, o que quer dizer que a viscosidade aparente de uma solução com ela diminui com o aumento da tensão de cisalhamento. Ou seja, um molho para saladas espessado com goma xantana, por exemplo, flui melhor quando a embalagem é pressionada. Além disso, a viscosidade de suas soluções, que atingem valores elevados mesmo com concentrações relativamente baixas de goma xantana, varia pouco em função da temperatura, o que é adequado para produtos refrigerados, pois estes não ficam "muito firmes" ao sair da geladeira. Por fim, essa goma também apresenta boa estabilidade térmica e também em face de ácidos e congelamento/descongelamento. Ela só forma gel em combinação com a goma locusta.

A goma gelana é um polissacarídeo produzido por fermentação submersa aeróbica com a bactéria *Sphingomonas elodea*, sendo formado por ramnose, glicose e ácido glicurônico na proporção 1:2:1 (Figura 4.6B). Apesar de não contribuir muito para o aumento da viscosidade, ela pode formar géis, especialmente na presença de cátions divalentes (p. ex., Ca^{2+}), cujas propriedades variam de acordo com o teor de acetilação da molécula. A curdlana é também uma goma capaz de formar diferentes géis, dependendo da temperatura – até cerca de 65 °C forma um gel termicamente reversível, que passa a irreversível para aquecimento em temperaturas próximas a 80 °C. Essa goma tem uma estrutura química formada por unidades de beta-d-glicopiranoses unidas por ligação do tipo 1-3 (Figura 4.5C), e pode ser produzida por fermentação submersa empregando espécies de *Agrobacterium* sp.

Outras bactérias, como *Leuconostoc mesenteroides*, *Streptobacterium dextranicum* e *Streptococcus mutans*, podem produzir um exopolissacarídeo

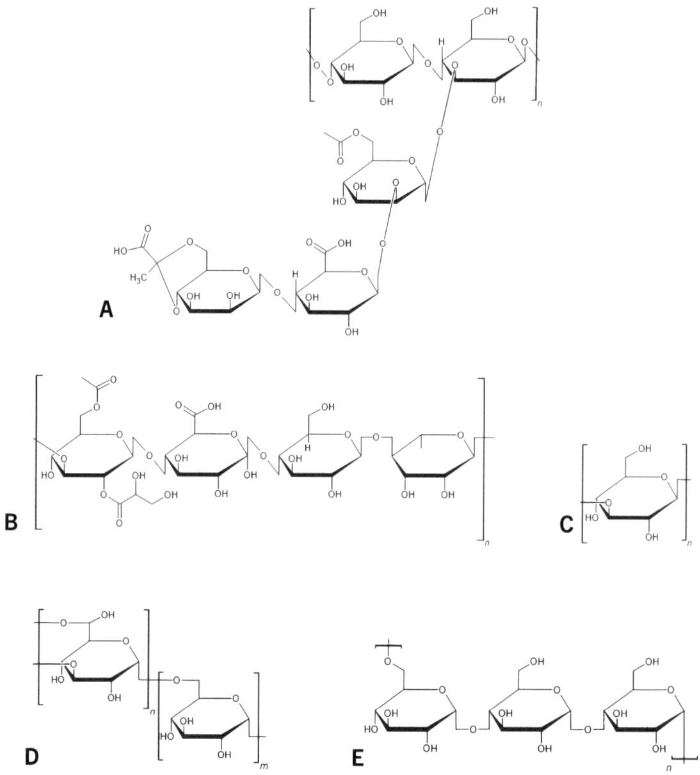

FIGURA 4.6 Estrutura química das gomas xantana (A), gelana (B), curdlana (C), dextrana (D) e do pululano (E).

conhecido como dextrana pela ação de uma enzima dextrana-sacarase sobre a sacarose. O resultado é um homopolímero ramificado, formado por unidades alfa-D-glicopiranosil unidas majoritariamente por ligação 1,6 e também com ramificações (ligações 1,3 e, ocasionalmente, 1,4 e 1,2) (Figura 4.6D). Esse polissacarídeo apresenta propriedades espessantes e estabilizantes, tendo aplicações médicas (substituto de sangue) e analíticas (géis de separação por exclusão molecular) como um de seus principais usos. Vale mencionar que esse polissacarídeo também está presente na placa dentária, alimentos deteriorados, além de possivelmente causar obstrução em filtros e tubulações de usina de açúcar e álcool.

Já o pululano é um polissacarídeo definido como unidades de maltotriose unidas entre si por ligações do tipo alfa-1,6 (Figura 4.6E), sendo produzido por fermentação com o fungo *Aureobasidium pullulans*. Ele apresenta adesividade e pode formar fibras e filmes biodegradáveis impermeáveis ao oxigênio. Assim, embora relativamente caro, apresenta aplicações diversas, desde substituto de plasma sanguíneo a aditivos em alimentos e cosméticos.

Existem vários exemplos de polissacarídeos microbianos com potencial uso industrial (incluindo alimentos e cosméticos), como scleroglucana, goma welana, beta-glucanos e outros, que não serão detalhados aqui.

Outra classe de metabólitos microbianos que, como os EPS, podem ser utilizados com a finalidade de modificar reologicamente um produto são os surfactantes. Nesse caso, como têm origem biotecnológica, passam a ser chamados "biossurfactantes". Como os demais surfactantes, os biossurfactantes são tensoativos que, conforme explicado na seção "Emulsificantes (tensoativos) e lipídios", no Capítulo 2, podem ser utilizados para estabilizar emulsões (emulsificantes). Suas características anfifílicas são dadas por uma região hidrofílica ligada a uma região hidrofóbica, normalmente ácidos graxos. Já as partes hidrofílicas são principalmente peptídicas (agrupados na classe dos chamados lipopeptídeos), com uma "cabeça" hidrofílica formada por aminoácidos (normalmente na forma cíclica), ou glicídicas (agrupados na classe dos chamados glicolipídios), que apresentam carboidratos como parte hidrofílica.

O principal exemplo, que também é um dos biossurfactantes mais eficientes, é a surfactina. Trata-se de um lipopeptídeo cuja parte hidrofílica é um peptídeo cíclico formado por sete aminoácidos (Figura 4.7). Ela é produzida por fermentação com a bactéria *Bacillus subtilis*. Já os glicolipídios podem ser subdivididos em ramnolipídios, sofrolipídios, trealolipídios e manosileritritol-lipídios. Os glicolipídios mais intensamente estudados são os ramnolipídios de *Pseudomonas* e sofrolipídios de leveduras. Apesar de seu grande potencial tecnológico (eficiência, biodegradabilidade, *status* natural etc.), tais produtos ainda não são aplicados industrialmente em alimentos e cosméticos.

Aromas

Conforme apresentado na seção "Aromatizantes e fragrâncias", no Capítulo 2, o aroma é um atributo essencial para a aceitação de um produto, o que justifica a adição de aromatizantes ou flavorizantes em formulações de alimentos e cosméticos. Atualmente, a indústria de aromas e fragrâncias é dominada pelos produtos de origem sintética (Figura 4.8), embora haja uma crescente demanda por produtos de origem natural. Nesse contexto, os

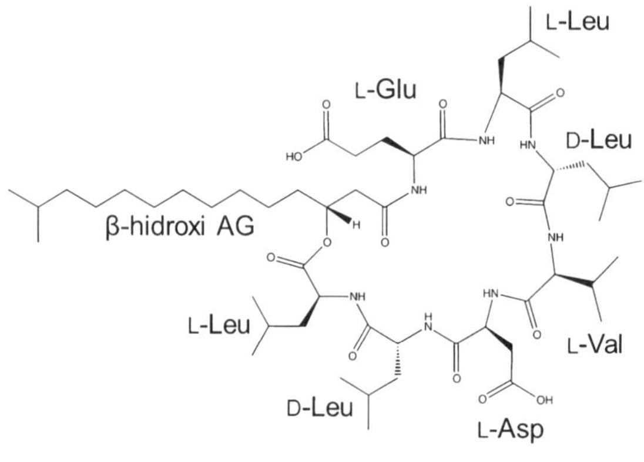

FIGURA 4.7 Estrutura da surfactina.

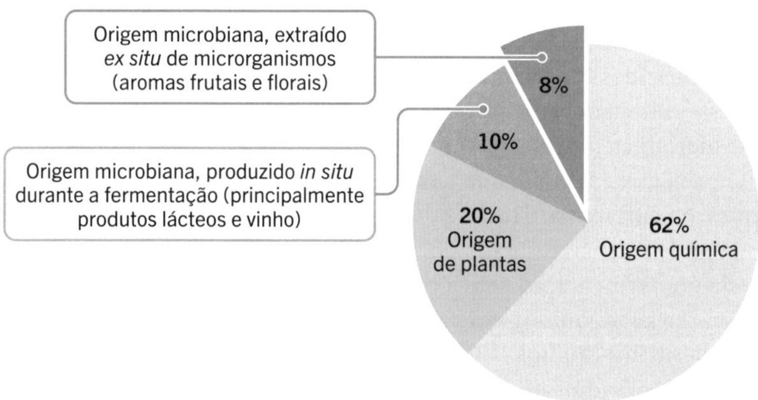

FIGURA 4.8 Origem dos aromatizantes utilizados industrialmente em alimentos e bebidas.

Fonte: Roy; Kumar (2019).

chamados bioaromas, produzidos por microrganismos ou enzimas, surgem como opção, pois são de origem renovável e considerados naturais pelas principais agências regulatórias do mundo.

Os aromas microbianos já são consumidos há séculos, embora não de forma consciente. Isso porque vários dos produtos obtidos por fermentações clássicas têm compostos voláteis de origem microbiana como principais responsáveis pelo aroma desses alimentos. Alguns exemplos são o diacetil e o acetaldeído (produzido por bactérias láticas em produtos lácteos fermentados), os ésteres (produzidos por levedura em cerveja) e as metilcetonas (produzidas por fungos *Penicillium roquefortii* em queijos tipo azul, como gorgonzola). Nesses casos, os compostos de aroma são produzidos *in situ*, no próprio alimento. Porém, há ainda a possibilidade de produzir tais compostos *ex situ*, em um processo fermentativo controlado, depois isolá-los e recuperá-los, para só então incorporá-los a determinados alimentos.

O primeiro exemplo comercial de um bioaroma costuma ser descrito como a γ-decalactona, uma substância com aroma que remete a pêssego e que pode ser produzida pela biotransformação de ácido ricinoleico (encontrado, por exemplo, na mamona) pela levedura *Yarrowia lipolytica*. Com esse processo, a partir de meados da década de 1980, o preço da gama-decalactona apresentou um decréscimo proporcional ao aumento de sua produção. Atualmente, há uma lista crescente de compostos de aroma de origem microbiana no mercado, tais como os exemplos apresentados na Tabela 4.6. Em termos de processos enzimáticos, o principal exemplo se refere ao uso de lipases para produzir ácidos graxos de cadeia curta (que pode gerar aroma de queijo) ou ésteres (costumam remeter a frutas) a partir de reações de hidrólise ou de esterificação, respectivamente.

O principal interesse nos bioaromas se refere ao valor de mercado, que costuma ser bem maior que o dos similares sintéticos (embora muitas ve-

TABELA 4.6 Compostos de aroma de origem biotecnológica disponíveis no mercado

Produto	Companhia	Microrganismo	Substrato
Vanilina	Evolva – IFF	*Schizosaccharomyces pombe* GM	Glicose
	Mane	Linhagens de *Streptomyces* GM	Eugenol
	Shanghai Apple	*Streptomyces* sp. V-1	Ácido ferúlico
	Solvay	*Streptomyces setonii*	Ácido ferúlico
	Basf	Linhagens de *Pseudomonas* GM	Ácido ferúlico
Patchouli	Amyris – Firmenich	*Saccharomyces cerevisiae* GM	Cana-de-açúcar
Farneseno	Amyris	*Saccharomyces cerevisiae* GM	Cana-de-açúcar
Ambroxan	Firmenich	*Escherichia coli* GM	Cana-de-açúcar
Nootkatona	Allylix (Evolva)	*Saccharomyces cerevisiae* GM	Valenceno

GM: geneticamente modificados.
Fonte: Felipe et al. (2017).

zes abaixo dos valores dos aromas extraídos de plantas). O exemplo mais clássico para ilustrar esse ponto costuma envolver a vanilina, cujo preço da substância sintética chega a ser cerca de 100 vezes maior que o da vanilina extraída da planta, enquanto a vanilina "biotec" tem valor próximo à média das duas anteriores. Porém, vale destacar que há evidências crescentes demonstrando atividades biológicas robustas dessas moléculas em sistemas vivos. Assim, os campos de farmácia, medicina, nutrição e, claro, alimentos estão cada vez mais atentos às comprovações de propriedades antioxidantes, anti-inflamatórias, antimicrobianas, antiproliferativas etc. que têm sido associadas a muitas dessas moléculas. Dessa forma, espera-se uma demanda crescente por esses aromas, cuja aplicação deve cada vez mais transcender os usos tradicionais na indústria de alimentos.

Culturas microbianas ou biomassa

Uma célula (ou conjunto de células) microbiana também pode ser considerada "um produto" que pode ser obtido por fermentação. Em um primeiro momento, pode parecer estranho ou contraintuitivo empregar células na elaboração de alimentos, mas basta lembrar que as fermentações feitas atualmente, conduzidas de forma mais controlada, devem ter a adição de culturas microbianas para iniciar a fermentação, tais como as culturas de bactérias láticas (culturas *starter* em produtos lácteos, vegetais ou cárneos fermentados) e a levedura *Saccharomyces cerevisiae* (fermento empregado na elaboração de etanol, bebidas alcoólicas e pães). Ou seja, atualmente há companhias que produzem e vendem culturas microbianas com essas finalidades.

Além das espécies que executam a fermentação em si, vale o destaque ainda para outras culturas que são adicionadas com o objetivo de trazer benefícios adicionais aos consumidores. Aqui se incluem os probióticos, que são microrganismos vivos que, quando administrados em quantidades adequadas, conferem benefícios à saúde do hospedeiro. Os benefícios reportados são múltiplos, desde melhoras no funcionamento intestinal à melhora global da saúde. Portanto, a indústria de alimentos vem empregando essas culturas no preparo de alimentos, principalmente em bebidas lácteas fermentadas. A técnica de encapsulamento de células também tem permitido expandir o leque de produtos que podem carrear essas culturas probióticas, muitas vezes sensíveis a valores mais baixos de pH ou pressão osmótica mais elevada.

O uso dos probióticos também transcende a indústria alimentícia. Para isso basta observar as cápsulas com essas culturas, que podem ser encontradas em diferentes farmácias com finalidade terapêutica diversa. Conforme será visto adiante (seções "Bióticos na Indústria Cosmética", no Capítulo 5, e "Prebióticos, probióticos e demais agentes moduladores da microbiota", no Capítulo 6), a indústria cosmética tem ficado cada vez mais atenta a esse tópico, por ter notado que o correto balanço da microbiota da pele é fundamental para sua saúde.

Como último exemplo desta seção, apresenta-se o caso de biomassa microbiana para fins de alimentação (humana ou animal), também chamada "proteína unicelular" (ou *single cell protein* - SCP). Essa ideia surgiu há algumas décadas e, depois de um período de menor popularidade, voltou a ganhar tração com a tendência à redução ou substituição de alimentos de origem animal. Com isso, processos alternativos, como consumo de insetos e biomassa microbiana, ricos em proteína de qualidade, voltaram a ser amplamente investigados.

De fato, o consumo de biomassa microbiana apresenta diversas vantagens (elevada produtividade, alto teor proteico, independência de fatores sazonais, qualidade consistente, entre outros), mas há ressalvas importantes. Além de garantir que as culturas empregadas sejam seguras para consumo, há ainda o desafio de reduzir o teor de ácidos nucleicos, muito elevado nas células microbianas, e que pode ocasionar pedras nos rins ou induzir à gota. Essa redução costuma ser feita pela ativação de enzimas (nucleases) presentes nas próprias células microbianas, após tratamento térmico específico.

Assim, há várias empresas buscando explorar esse nicho, mas como exemplo consolidado pode-se citar o caso da micoproteína oriunda de *Fusarium venenatum*, vendida com o nome comercial Quorn™, direcionada para a alimentação humana. As pesquisas relacionadas a esse processo foram iniciadas na década de 1960, mas apenas duas décadas depois o produto foi lançado no mercado e ainda está disponível comercialmente como alternativa vegana ao consumo de produtos cárneos.

5

Biotecnologia cosmética

INTRODUÇÃO

A biotecnologia é uma ciência multidisciplinar que envolve biologia e tecnologia e se refere à aplicação de organismos vivos (microrganismos, plantas, animais ou seus derivados) para gerar novos produtos ou processos. Pode-se dizer que, apesar de estar sendo mais conhecida em tempos recentes, o conceito da biotecnologia é aplicado empiricamente há muitos anos (p. ex., cerveja, pães, vinhos, queijos). Logo, ela é uma técnica milenar empregada classicamente na fabricação de alimentos. Porém, seu uso para outros setores tem evoluído muito nas últimas décadas.

E não tem sido diferente na área cosmética. Com avanços e investimentos em novos bioprocessos, o setor cosmético caminha acelerando na substituição de insumos químicos por bioinsumos. Essa abordagem se justifica por diversos motivos, sendo os principais deles a possibilidade de obtenção de cosméticos naturais e sustentáveis, livres de ingredientes oriundos de animais. Isso tem impulsionado muito esse setor de ingredientes biotecnológicos para cosméticos, que avança ano a ano.

Segundo dados divulgados pela Grand View Research, o mercado global de ingredientes biotecnológicos, avaliado em US$ 2,17 bilhões em 2023, crescerá a uma taxa anual de crescimento composta (CAGR) de 7,8% entre 2024 e 2030. Cerca de metade desse mercado corresponde a ingredientes ativos para cosméticos, com o restante sendo distribuído entre aromas e fragrâncias. No campo de ingredientes ativos para cosméticos, cerca de metade corresponde a produtos de cuidados com a pele, enquanto o restante é distribuído em: maquiagem e corantes para cosméticos; cuidados para cabelo; e cuidados com o sol (Grand View Research, 2023a).

Uma vez que a indústria cosmética está sempre em busca de produtos inovadores, a biotecnologia tem ganhado espaço cada vez maior no setor, porque a biotecnologia é uma tendência da inovação, que é essencial para um setor competitivo como o da indústria cosmética. Em um mundo onde muitos consumidores buscam frequentemente por novas soluções para manutenção da saúde e beleza da pele e seus anexos, graças ao fluxo constante de informações e tendências nas redes sociais, as marcas cosméticas estão em constante busca por inovação, exigindo um compromisso com a pesquisa, a compreensão das tendências emergentes e a aplicação de novas tecnologias. Dessa maneira, a prospecção e a parceria estratégica entre profissionais da área cosmética com profissionais da área biotecnológica pode resultar em produtos cosméticos disruptivos e sustentáveis.

Além do papel dos bioprocessos na obtenção de produtos com aplicação cosmética, vale destacar outro campo relevante da biotecnologia cosmética. O Conselho Nacional de Controle de Experimentação Animal (Concea), colegiado do Ministério da Ciência, Tecnologia e Inovação (MCTI), publicou em 2023, no *Diário Oficial da União*, uma resolução que proíbe o uso de animais em pesquisa, desenvolvimento e controle de cosméticos, produtos de higiene pessoal e perfumes. A resolução proíbe o uso de animais vertebrados nos casos em que os ingredientes e compostos já tenham segurança e eficácia comprovada cientificamente. Nas situações em que as fórmulas sejam novas e não tenham ainda evidência de segurança ou eficácia, a norma estabelece a obrigatoriedade do uso de métodos alternativos (que substituem, reduzem ou refinam o uso de animais) reconhecidos pelo Concea. Essa norma alinha o Brasil a uma prática internacional. Assim, métodos alternativos aos testes em animais estão sendo investigados e desenvolvidos para os estudos de segurança e eficácia das formulações cosméticas e de seus ingredientes.

Nesse sentido, a biotecnologia traz ferramentas úteis, como os testes alternativos (p. ex., culturas de células), que têm sido assunto de muita discussão e interesse nos congressos da área cosmética. Portanto, um campo pujante de pesquisa envolve a busca por testes *in vitro*, com culturas de células e tecidos, por exemplo. Esses tipos de culturas são alternativas para avaliação de produtos e ingredientes cosméticos, de forma segura e ética. Apesar de ser um tema muito relevante para a área de biotecnologia cosmética, esse tema em particular não será desenvolvido em maior profundidade neste livro. Em vez disso, na próxima seção serão apresentados os principais exemplos de uso da biotecnologia no setor de cosméticos, particularmente no que se refere à obtenção de ingredientes para o setor.

EXEMPLOS DA APLICAÇÃO DA BIOTECNOLOGIA NA INDÚSTRIA COSMÉTICA

No setor cosmético, a biotecnologia tem possibilitado a geração de novos ingredientes e de processos sustentáveis, com menor impacto ambiental e mais alinhados com demandas éticas. Empresas estão investindo nos processos biotecnológicos focando tanto o desenvolvimento de fórmulas como o de embalagens. Hoje em dia muitas empresas visam ao desenvolvimento de embalagens a partir de plásticos biodegradáveis, reduzindo os impactos ambientais ocasionados pelo descarte das embalagens (Blácido et al., 2023; Filipini, 2019). Além disso, por meio do desenvolvimento de novos bioprocessos, hoje é possível produzir em escala industrial diversas moléculas de origem microbiana, que têm extrema relevância no mercado de cosméticos, como (Sajna et al., 2015):

- Polifenóis e carotenoides: ácido elágico, ácido gálico, ácido ferúlico, resveratrol, astaxantina, florotaninos.
- Ácidos orgânicos: hidroxiácidos (p. ex., ácidos lático, glicólico, hidroxibutanoico, málico), ácido kójico.
- Aminoácidos e aminoácidos tipo micosporina e outros compostos nitrogenados (p. ex., betaína), peptídeos (ácido gama-poliglutâmico, toxina botulínica), proteínas (colágeno, queratina e seus hidrolisados, fator de crescimento humano) e enzimas (proteases, lipases, superóxido dismutase).
- Vitaminas (A, C, E, B2, B5, B3) e compostos relacionados (coenzima Q10 ou ubiquinona).
- Polissacarídeos (gomas xantana, dextrana, gelana, welana, rhamsan; beta-glucana, schizofilana, scleroglucana, levana, pululano, quitina e quitosana, ácido hialurônico).
- Ácidos graxos, esteróis e derivados lipídicos (ácidos graxos poli-insaturados, esqualeno, ceramidas, biossurfactantes).

Outros exemplos são apresentados na Tabela 5.1. Um dos aspectos mais importantes dessa forma de produção é que ela pode substituir os produtos classicamente oriundos de animais, como ilustrado a seguir.

TABELA 5.1 Compostos de possível origem biotecnológica com uso na indústria cosmética

Agente ativo	Ação
Ácido ascórbico (vitamina C)	Antioxidante e promove a síntese de colágeno
Ácido hialurônico	Hidrata e regenera a pele
Aminoácidos tipo micosporina	Fotoproteção
Coenzima Q10 / ubiquinol	Antioxidante e antirrugas
Colágeno	Antirrugas e reestruturação da pele
Ceramidas	Restaura a estrutura dos lipídios e mantém a função de barreira da pele
Esqualeno	Antioxidante e anti-inflamatório
Fator de crescimento humano	Rejuvenescimento da pele
Palmitato de retinol (vitamina A)	Rejuvenescimento da pele
Pululano	Firmeza e hidratação da pele

Fonte: Sajna et al. (2015).

Um dos exemplos clássicos do uso da biotecnologia na indústria cosmética é o ácido hialurônico. Esse potente agente hidratante e redutor de rugas tem sido tradicionalmente obtido a partir de crista de galos. Mas no final da década de 1980 essa molécula começou a ser produzida por fermentação empregando *Streptococcus zooepidemicus* e, anos mais tarde, outros microrganismos nativos ou geneticamente modificados, como o *Bacillus subtilis*. Atualmente, há diversas companhias que produzem a versão biotec desse ingrediente cosmético (Waltz, 2022). Inclusive, há uma *startup* brasileira (Bio Breyer) que fornece ao mercado ácido hialurônico nacional oriundo de leveduras geneticamente modificadas (Sebrae, 2024).

Com propriedades viscoelásticas únicas e baixa imunogenicidade, o ácido hialurônico tem sido amplamente utilizado em aplicações biomédicas, que incluem viscossuplementação no tratamento de osteoartrite, auxílio em cirurgias oculares e regeneração de feridas. Mais recentemente, ele tem sido considerado como agente de entrega de medicamentos (*drug delivery agent*) (Sudha; Rose, 2014). Em cosméticos, o ácido hialurônico tem sido empregado devido a sua capacidade de reter água, o que o torna um ingrediente muito interessante quando se deseja efeito hidratante ou de preenchimento para a pele. O uso de ácido hialurônico com diferentes pesos moleculares em cosméticos é uma estratégia dos formuladores para maximizar os benefícios de hidratação e preenchimento da pele. Embora menos explorado em comparação às aplicações médicas e cosméticas, o ácido hialurônico também apresenta um grande potencial de uso em alimentos. Suas aplicações incluem o desenvolvimento de alimentos funcionais (propriedades benéficas à saúde) e de materiais de embalagens (naturais, não tóxicas, ambientalmente amigáveis, biodegradáveis), a melhora da estrutura e estabilidade físico-química, além de poder atuar como agente modulador da percepção de sabores (Cheng et al., 2023). Dessa forma, não seria estranho se esse composto fosse abordado no Capítulo 6, no qual são discutidos os compostos de origem biotecnológica com aplicações (ou potenciais aplicações) tanto em alimentos como em cosméticos.

Outro caso bastante emblemático é o esqualeno, um agente hidratante obtido tradicionalmente do fígado de tubarões, de modo que estimativas apontam a morte de milhões desses animais para atender à demanda anual por esse produto. Devido a uma forte pressão da opinião pública, houve uma intensa busca por alternativas a ele. Atualmente, a empresa Amyris detém um método de produção de esqualano (um derivado saturado do esqualeno, mais estável à oxidação) a partir da modificação química do beta-farneseno, que por sua vez é produzido por fermentação com *Saccharomyces cerevisiae* geneticamente modificada (Waltz, 2022). Assim, esse processo pode ser uma alternativa para substituir o produto convencional, contribuindo para diminuir os impactos ambientais e evitar críticas associadas à pesca do tubarão.

Destaca-se ainda a possibilidade de produzir colágeno, que auxilia na proteção, hidratação e elasticidade da pele, sem a necessidade de recorrer a ossos ou peles de animais. Assim, atualmente há diferentes companhias que conseguem produzir essa substância, muitas vezes com propriedades otimizadas, por meio de ferramentas biotecnológicas (Waltz, 2022). Esse e outros exemplos de ingredientes biotec já comercializados são resumidos na Tabela 5.2.

Um exemplo investigado pelos grupos de pesquisa dos autores deste livro envolve a obtenção de biopigmentos microbianos para serem usados na elaboração de produtos cosméticos decorativos, como maquiagem. Um desses casos envolve a bicaverina, um policetídeo vermelho produzido por várias espécies de fungos do gênero *Fusarium*. A biomassa fúngica vermelha obtida pela fermentação submersa de *Fusarium oxysporum* CCT7620 em meio à base de arroz tem coloração vermelha e passa para cor azul após tratamento térmico (Bicas; Silva, 2013). Tanto o extrato vermelho contendo bicaverina (EV) como a biomassa azul, para as quais os ensaios biológicos

TABELA 5.2 Principais exemplos de produtos de origem biotecnológica com aplicações cosméticas

Produtos	Processo	Companhia
1,3-butileno glicol	Fermentação	Genomatica
Colágeno	Cultura de células inteiras	Jellatech
Colágeno e elastina	Fermentação	Geltor
Colágeno e plataforma de design de proteína	Fermentação	Cambrium
Esqualeno, hemiesqualeno, bisabolol, biosílica e canabigerol	Fermentação	Amyris
Proteína para cuidados com a pele e cabelo	Fermentação	Bolt Threads

Fonte: adaptado de Waltz (2022).

apontam para ausência de toxicidade aguda, possuem potencial utilização nas indústrias de alimentos, cosmética e farmacêutica, atendendo à nova tendência do mercado em oferecer produtos naturais, renováveis e sustentáveis. Os pigmentos derivados de *Fusarium* podem ser industrializados não apenas por sua função corante, mas também por suas atividades biológicas já relatadas (p. ex., atividade antimicrobiana).

A Figura 5.1A ilustra uma formulação de biomassa vermelha em pó (BP) e a 5.1B a formulação com extrato vermelho (EV). Tanto a BP quanto a EV foram capazes de dar cor ao cosmético, uma vez que ambas apresentaram pigmentação avermelhada. Entretanto, observando os cosméticos mais de perto, evidencia-se maior homogeneidade da formulação com EV em comparação àquela com BP. Isso ocorre porque a biomassa é um material complexo e insolúvel que resulta em um aspecto de material particulado.

Essa pesquisa é particularmente relevante porque os corantes sintéticos têm dominado a indústria nas últimas décadas, embora os efeitos nocivos associados a alguns desses aditivos à saúde humana tenham incentivado a busca por compostos alternativos. Adicionalmente, a impressão negativa que muitos consumidores têm sobre os corantes sintéticos deram origem a uma forte demanda por compostos naturais. Casos bem-sucedidos de comercialização de pigmentos naturais incluem antocianinas, carotenoides, betalaínas e clorofilas, que são responsáveis pela produção de cores como vermelho, laranja, amarelo e verde. Dentre as fontes de pigmentos naturais, a produção microbiana constitui uma abordagem promissora e preferida em

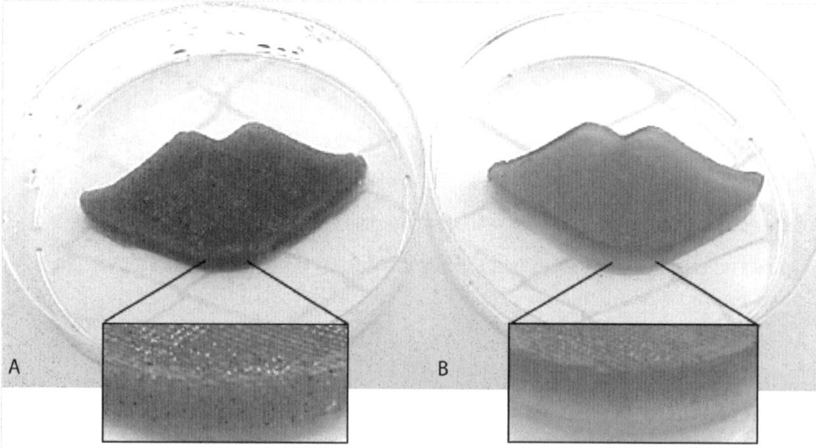

FIGURA 5.1 A: formulação com biomassa vermelha em pó (BP). B: formulação com extrato vermelho (EV).

relação às plantas, já que não apresenta problemas de sazonalidade e fornece maior produtividade.

Nesse contexto, os fungos se destacam pela capacidade de sintetizar e secretar diversas classes de pigmentos que são produzidos como metabólitos secundários e exibem uma extraordinária gama de cores. Consequentemente, a vasta biodiversidade de fungos produtores de pigmentos abre uma oportunidade virtualmente inesgotável de exploração que pode proporcionar corantes novos e seguros. Logo, os biopigmentos têm potencial para aplicação cosmética e podem oferecer uma vantagem mercadológica ao conferir apelo natural e sustentável.

Na mesma linha, outro exemplo de produto desenvolvido em grupos de pesquisa envolve a obtenção e aplicação de bioaromas, que podem ser empregados tanto em alimentos como em cosméticos. Esse tema será abordado em mais detalhes na seção "Compostos biotecnológicos em formulações cosméticas", no Capítulo 6.

Bióticos na indústria cosmética

Bióticos são termos usados há décadas pela indústria de alimentos, tais como os lactobacilos, que melhoram a saúde intestinal. Recentemente os conceitos dos bióticos têm sido usados na indústria cosmética também. Para entender melhor, foram classificados em probióticos, prebióticos, simbióticos e pós-bióticos.

- **Probióticos:** são microrganismos benéficos, que habitam nosso organismo e trazem benefícios para ele.
- **Prebióticos:** são substratos (p. ex., carboidratos não digeríveis) utilizados seletivamente pelos probióticos. Assim, nos produtos cosméticos tem-se prebióticos que funcionam como "alimentos" para os microrganismos benéficos que estão presentes naturalmente em nossa pele.
- **Simbióticos:** referem-se à combinação de pré e probióticos.
- **Pós-bióticos:** são os metabólitos produzidos pelos microrganismos (como é o caso de esqualeno, um bioativo criado a partir de um processo biotecnológico, que pode ter efeito benéfico para a pele; por sua ação de hidratação), com ação benéfica.

Durante muito tempo, a microbiota da pele foi vista como fonte de contaminação e infecção. No entanto, o projeto de identificação do microbioma humano e concomitante molecular, por exemplo, o cultivo independente, fez com que os projetos de pesquisa sugerissem fortemente que a microbiota da pele humana apresenta grande importância para a saúde e o bem-estar humanos (Schommer; Gallo, 2013; Egert et al., 2017).

A aplicação tópica de bactérias benéficas, como os probióticos (como células inteiras vivas ou inativadas), representa um estratégia para rebalancear a microbiota da pele. Em um estudo inicial, o uso de propionibactéria grau alimentar foi proposto para produtos cosméticos, uma vez que os isolados cutâneos podem estar correlacionados com infecções da pele. As cepas selecionadas revelaram atividade antimicrobiana contra vários patógenos cutâneos, como *M. furfur, C. albicans* e *S. aureus*, atribuídos à secreção de ácidos orgânicos e/ou competição por sítios de ligação na queratina (Ouwehand et al., 2003).

Porém, no Brasil, a Resolução RDC n. 752/2022 da Anvisa estabelece parâmetros de controle microbiológico para produtos cosméticos, restringindo a viabilidade de microrganismos nesses produtos. Em contraste, a regulamentação específica de microrganismos probióticos vivos é contemplada para alimentos (RDC n. 241/2018), evidenciando uma distinção regulatória clara entre os setores. Dessa forma, a presença de microrganismos viáveis em formulações cosméticas representa um desafio regulatório e de segurança, não sendo considerada prática viável. Em consequência, têm-se utilizado cepas inativadas e/ou seus derivados, como lisados celulares, filtrados e metabólitos, comumente classificados como pós-bióticos. Essa abordagem permite explorar potenciais benefícios relacionados ao microbioma cutâneo sem comprometer a segurança e a estabilidade microbiológica dos produtos.

6

Biotecnologia cosmetrófica

INTRODUÇÃO

Após discorrer sobre aspectos gerais relacionados a alimentos, formulações cosméticas e seus componentes (Capítulos 1 e 2), as semelhanças e interfaces entre os setores de alimentos e cosméticos (Capítulo 3), a biotecnologia de alimentos (Capítulo 4) e a biotecnologia cosmética (Capítulo 5), este último capítulo busca integrar todos esses conceitos, com foco nos temas abordados nos Capítulos 4 e 5. Assim, entende-se a "biotecnologia cosmetrófica" como a ciência que busca desenvolver processos e produtos de origem biotecnológica que possam ser aplicados tanto em alimentos como em cosméticos, especialmente na interface alimentos-cosméticos. Neste livro, buscou-se deixar mais detalhado nos respectivos capítulos os exemplos empregados majoritariamente em um desses setores (p. ex., ácido hialurônico de origem biotecnológica em cosméticos) e retomar neste capítulo os produtos cujas aplicações possam transcender suas aplicações tradicionais, conforme exemplos abordados a seguir.

EXEMPLOS DE BIOTECNOLOGIA COSMETRÓFICA

Produtos alimentícios fermentados em aplicações cosméticas

Conforme discutido no capítulo introdutório, o iogurte costuma ser citado como um dos exemplos clássicos de um dos primeiros produtos alimentícios aplicados na pele e seus anexos com finalidade cosmética.

Do ponto de vista científico, reconhece-se atualmente que esse tipo de abordagem faz muito sentido, dado que o iogurte contém ácido lático, um alfa-hidroxiácido, usado em formulações cosméticas para ocasionar leve esfoliação da epiderme e melhorar a hidratação cutânea. Além das bactérias benéficas, principalmente *Lactobacillus bulgaricus* e *Streptococcus thermophilus*, esse alimento é obtido partindo-se do leite, que é composto principalmente por água, gordura e proteínas, formando uma emulsão fluida que, por si só, já poderia apresentar propriedades interessantes para aplicação tópica na pele. A transformação de lactose em ácido lático também contribui para o espessamento e a acidificação do produto, característica que pode ser compatível com o pH natural da pele, que varia entre 4,5 e 5,5.

Além disso, o iogurte funciona como um probiótico, contribuindo com microrganismos vivos que podem interagir positivamente para a microbiota cutânea. Por isso, o uso tópico de iogurte é popularmente considerado benéfico para a pele, embora sejam necessários mais estudos científicos para validar e aprimorar essa aplicação. Assim, o uso de iogurtes com finalidade cosmética pode ser considerado um dos exemplos mais clássicos relacionados à biotecnologia cosmetrófica.

Nesse momento, vale recapitular que os vegetais fermentados (seção "Alimentos fermentados", no Capítulo 4) também apresentam ácido lático em sua composição (além de outros componentes benéficos para a pele já descritos para o iogurte), o que poderia justificar sua aplicação com finalidades similares ao que foi proposto para o iogurte. De fato, conforme exemplificado na Tabela 6.1, outros alimentos fermentados podem ser considerados na elaboração de cosméticos em virtude de compostos de interesse presentes naqueles.

Muitos desses alimentos fermentados também contêm microrganismos vivos (probióticos) e demais substâncias que modulam a microbiota da pele, causando uma alteração favorável com diversos benefícios para a saúde cutânea. Assim, os alimentos fermentados também podem ser empregados para compor cosméticos (Puebla-Barragan; Reid, 2021).

Destaca-se ainda o potencial uso de subprodutos ou resíduos da cadeia de produção de alimentos que podem ser empregados como substratos de fermentação, obtendo-se novos produtos contendo uma série de compostos bioativos com uso em cosméticos sustentáveis (Krzyżostan et al., 2024).

Esses e outros exemplos de alimentos fermentados contendo compostos com potencial interesse cosmético encontram-se resumidos na Tabela 6.1.

TABELA 6.1 Componentes com aplicações cosméticas formados em produtos alimentícios fermentados

Componente	Efeitos na pele e anexos	Exemplos de produtos fermentados onde podem ser encontrados
Ácido lático	Ácido alfa-hidroxiácido, que proporciona leve esfoliação da camada da epiderme, e ocasiona hidratação cutânea.	Iogurte, produtos vegetais fermentados (p. ex., picles)
Ácido acético	Às vezes usado para melhorar a estabilidade das formulações e corrigir (acidificar) seu pH, deixando o pH das formulações mais biocompatível	Vinagre
Ácido kójico	Usado para uniformizar o tom da pele	Missô, *shoyu*, saquê
Antioxidantes	Inibe reações promovidas pelo oxigênio, evitando a oxidação e a rancificação	Vários
Etanol	Usado como antisséptico ou para melhorar o sensorial de algumas formulações.	Bebidas alcoólicas
Hidrocoloides	São usados para preparação de veículos, ou seja para a base de cosméticos que poderão veicular ativos	Vários
Poli (ácido gama-glutâmico) (gama-PGA)	Ácido poliglutâmico é um polímero que vem sendo usado porque ajuda a manter a água na pele, ou seja, ajuda na hidratação cutânea	Natto
Vitamina A (retinol)	Estimula a renovação celular da epiderme, ocasionando melhora da uniformidade do tom da pele. Tende a melhorar a função de barreira e, consequentemente, a hidratação	Vários
Vitamina C	Tem ação antioxidante	Vários

Compostos biotecnológicos em formulações cosméticas

De maneira semelhante à seção "Componentes dos alimentos em formulações cosmetróficas", no Capítulo 3, este trecho abordará a possibilidade de uso de compostos de origem biotecnológica em formulações cosméticas, seja substituindo componentes convencionais, seja na elaboração de produtos com características inovadoras. Serão enfocados exemplos de bioaromas, biopigmentos, compostos antimicrobianos, hidrocoloides e biossurfactantes com possíveis aplicações também em alimentos, de modo a enquadrá-los na classificação "biotecnologia cosmetrófica" proposta neste capítulo.

A seção "Aromas", no Capítulo 4, abordou o conceito de bioaromas e explicou o uso desses compostos odoríferos de origem biotecnológica em alimentos. Embora o termo "bioaroma" esteja tecnicamente restrito às aplicações alimentares, é comum associá-lo também ao uso dessas substâncias como fragrâncias, por exemplo, em cosméticos. Um dos exemplos de destaque são os ésteres de aromas, que compõem a fração volátil de diversos produtos naturais (especialmente frutas) e podem ser obtidos via catálise enzimática (Sá et al., 2017). Essa abordagem foi utilizada para a produção de um óleo de licuri biotransformado com lipase, cujo aroma remetendo a frutas tropicais era resultado da presença dos ésteres (principalmente octanoato de etila) formados pela reação de alcoólise. Esse óleo foi então empregado, sem qualquer tratamento adicional, na formulação de um tônico e creme hidratante. O lado interessante é que, além de apresentar odor agradável e ação hidratante, esse óleo biotransformado também apresentou atividade antibacteriana contra bactérias associadas ao mau odor cutâneo, sendo, portanto, um ingrediente com múltiplas funções (Moreira et al., 2024). Esse exemplo específico seria um cosmetrófico, pois esse tipo de óleo biotransformado poderia igualmente ser empregado na elaboração de produtos comestíveis (Moreira, 2025).

De forma análoga, os colorantes obtidos biotecnologicamente podem ser aplicados tanto na indústria alimentícia (conforme abordado na seção "Colorantes, vitaminas e compostos relacionados", no Capítulo 4) quanto na indústria cosmética, sendo, assim, mais um exemplo de produto da chamada biotecnologia cosmetrófica. Seu uso está baseado não apenas na ação colorante em si (p. ex., em esmaltes, maquiagens, batons), mas, como muitos dos pigmentos apresentam também outras propriedades de interesse para produtos da pele (p. ex., capacidade antioxidante, fotoproteção), eles também têm sido empregados em produtos antienvelhecimento, protetores solares e demais produtos de cuidados da pele (Kiki, 2023).

Nesse sentido, o grupo de pesquisa dos autores deste livro já investigou a aplicação de biocolorantes fúngicos em aplicações cosméticas, conforme descrito no Capítulo 5. No entanto, como ainda não há autorização legal para o uso desse colorante específico em alimentos, por ora ele não poderia ser considerado um exemplo de cosmetrófico. Mas há diversos produtos colorantes de possível origem biotecnológica com uso já regulamentado em alimentos, como os carotenoides e a ficocianina.

Compostos antimicrobianos de origem biotecnológica também podem ser aplicados em formulações cosméticas, além dos usos em alimentos, conforme descrito no Capítulo 4. Exemplos específicos são a nisina (Maurício et al., 2017) e a lisozima (Sim et al., 2000; Valenta et al., 1998) em produtos cosméticos ou de uso tópico. Embora não seja exatamente o escopo deste livro, vale mencionar o uso da natamicina em produtos oculares (Velpandian et al., 2021; Janga et al., 2018; Janga et al., 2019). O último exemplo, inclusive, faz uso de goma gelana na formulação, sendo este outro produto biotecnológico com uso previsto em alimentos. Além das aplicações em alimentos, médica e farmacêutica, a goma gelana também encontra aplicações em cosméticos, nos quais podem contribuir com a retenção de água (auxiliando em propriedades hidratantes) e a alteração das propriedades reológicas, aumentando a viscosidade e estabilizando certas emulsões (Abdl Aali; Al-Sahlany, 2024).

Outros exemplos de gomas microbianas em formulações cosméticas podem ser encontrados, tais como os casos das gomas xantana (Gilbert et al., 2013) e levana (Helenas et al., 2023), além do potencial uso de outros, tais como a goma clavana, como possível agente hidratante (Vanhooren; Vandamme, 2000). De fato, polissacarídeos microbianos atraem grande interesse das indústrias de alimentos em cosméticos, pois, além de conferir características reológicas desejáveis (ver seção "Polissacarídeos e surfactantes", no Capítulo 4), há casos de propriedades específicas, como o ácido hialurônico (ver seção "Exemplos da aplicação da biotecnologia na indústria cosmética", no Capítulo 5).

Assim como em alimentos, os polissacarídeos microbianos são ingredientes muito importantes por suas propriedades, tais como formação de filme, gelificação e espessamento. Essas características, em conjunto com biodegradabilidade e biocompatibilidade, podem tornar esses produtos adequados a formulações cosméticas por propiciarem efeitos protetores na pele, além de manter as características desejadas de uma formulação (p. ex., agentes espessantes, gelificantes ou excipientes) (Waoo et al., 2023; Baptista; Freitas, 2021). Exemplos específicos de polissacarídeos microbianos de origem biotecnológica que podem ser aplicados em cosméticos incluem o pululano (Singh et al., 2023) e a scleroglunana (Hamidi et al., 2022), incluindo seu uso em "sistemas de entrega de medicamentos" (*drug delivering systems*). Nesse sentido, nanoemulsões têm sido amplamente investigadas como sistemas para a entrega direcionada de ativos, o que têm aumentado por emulsificantes de origem biotecnológica, como os chamados "biossurfactantes" (Tiwari et al., 2020), dentre os quais se destacam a surfactina de *Bacillus subtilis* e os ramonolipídios de bactérias do gênero *Pseudomonas* (Singh et al., 2022), além de outros glicolipídios e lipopeptídeos (Adu et al., 2023; Karnwal et al., 2023). Entre os glicolipídios ainda não muito explorados estão os trealose lipídios (Lopes et al., 2024), formados a partir do dissacarídeo trealose, que pode ser produzido por microrganismos e tem aplicações em alimentos e cosméticos (Chen et al., 2022).

Os biossurfactantes apresentam, de forma geral, melhor eficiência que os surfactantes químicos e, por sua natureza, são mais sustentáveis, pois são produzidos a partir de recursos renováveis (e não de derivados do petróleo, por exemplo). Além disso, os biossurfactantes podem ser considerados mais biocompatíveis e biodegradáveis e menos tóxicos (e alergênicos) que seus análogos sintéticos, além de outras vantagens. Esses surfactantes biotecnológicos podem ainda apresentar propriedades hidratantes, atuar como antioxidantes e agentes antimicrobianos (possível modulação da microbiota), auxiliar no equilíbrio do pH adequado para a pele, e também apresentam maior mobilidade e permeabilidade através da membrana celular, regulando as propriedades de barreira da pele (Karnwal et al., 2023).

Enzimas alimentícias e inibidores enzimáticos com finalidades cosméticas

A indústria de alimentos é a principal consumidora das enzimas industriais, representando algo próximo de um terço a um quarto do total desse mercado. As principais enzimas industriais voltadas para a indústria de alimentos são as carboidrases (enzimas que atuam em carboidratos, tais como amilases, pectinases, beta-galactosidase, xilanases etc.), enzimas proteolíticas (p. ex., papaína e bromelina, renina) e enzimas lipolíticas (p. ex., para hidrólise de triacilgliceróis, produção de aromas e de lipídios estruturados). Muitas dessas enzimas encontram também potencial uso em produtos cosméticos.

Os benefícios das enzimas é que elas conseguem catalisar reações químicas de maneira igualmente rápida e extremamente mais seguras para o corpo humano, quando comparadas com catalisadores químicos convencionais. Elas também são seletivas, atuando apenas nos substratos pretendidos, sem interferirem nos demais componentes dos alimentos ou da pele. Hoje existem, por exemplo, formulações cosméticas que oferecem um *peeling* enzimático, ou seja, formulações que promovem esfoliação das células do estrato córneo por meio da ação de enzimas proteolíticas, como papaína (extraída do mamão) e bromelina (extraída do abacaxi), dentre outras. A papaína tem a vantagem de ser antialérgica, esfoliante e cicatrizante. Já a bromelina é usada há muito tempo na indústria farmacêutica, auxiliando no combate a problemas respiratórios; nos cosméticos, essa enzima entra como agente de limpeza, atuando na renovação celular e no combate à celulite.

É possível considerar diferentes tipos de utilização de enzimas para a indústria, que são: enzima como princípio ativo do produto; enzimas para produção de compostos que entrarão na formulação do cosmético; e ativos que atuarão acionando enzimas específicas dos tecidos-alvo. Diversas classes de enzimas já são utilizadas nas formulações cosméticas, podendo-se ressaltar as proteases, oxirredutases, lipases e glicosidases.

O uso de enzimas em cosméticos não está limitado a produtos para a saúde da pele. Diferentes enzimas, como proteases e oxirredutases, podem ser empregadas em produtos odontológicos com o objetivo de clarear os dentes (Pauli et al., 2022). Nesse sentido, duas patentes do grupo de pesquisa dos autores apresentam produtos à base de extratos de cogumelos comestíveis (Pauli et al., 2020) ou de cascas de café fermentadas com o fungo *Penicillium crustosum* (Leonardi et al., 2019), que se mostraram capazes de efetivamente branquear *in vitro* dentes bovinos previamente escurecidos.

Em outra linha de trabalho, que não envolve diretamente enzimas, mas sim seus inibidores, muito trabalho tem sido feito no sentido de descobrir componentes capazes de evitar a melanogênese (*vide* a seção "Melanogênese", no Capítulo 3), resultando assim no clareamento da pele. Um dos exemplos envolve o uso de extratos do cogumelo *Phallus indusiatus* em formulações cosméticas antimelanogênese (Theeraraksakul et al., 2023). Além disso, diversos extratos de produtos comestíveis têm sido testados por pesquisadores buscando por inibidores de tirosinase, tal como o exemplo do grupo de pesquisa, que identificou por meio de modelagem matemática o potencial clareador do extrato etanólico de açaí (*Euterpe oleracea*).

O extrato etanólico de açaí demonstrou potencial inibitório sobre a tirosinase, sugerindo sua possível aplicação como ativo despigmentante natural. A modelagem dos parâmetros cinéticos associada à análise experimental *in vitro* contribuiu para validar a efetividade do extrato. Esses achados reforçam a relevância da biodiversidade brasileira no desenvolvimento de cosméticos, além de ressaltar a importância do uso de metodologias inovadoras para o setor (Oriilo Lindo et al., 2025). Além disso, vale destacar também o uso do ácido kójico obtido de fungos, que pode ser utilizado nas formulações de cosméticos com atividades de clareamento da pele (Phasha et al., 2022).

Prebióticos, probióticos e demais agentes moduladores da microbiota

Os benefícios de uma microbiota intestinal adequada já são conhecidos há muito tempo. A extensão dessa lógica para a saúde da pele surgiu como algo natural. Hoje, a importância de uma microbiota da pele equilibrada para a saúde e bem-estar já é bastante reconhecida. A relevância desse tema é tão grande que uma abordagem baseada em pré, pró ou pós-bióticos já tem sido considerada inclusive na formulação de produtos que auxiliam no tratamento de algumas condições, como a psoríase (Rigon et al., 2021; Wei et al., 2024). Vale destacar que, apesar do potencial benéfico das culturas probióticas, o uso de microrganismos vivos em formulações cosméticas ainda não é regulamentado.

No campo da ciência cosmética, um dos temas com crescente relevância é o uso de agentes capazes de modular beneficamente a microbiota da pele, evitando a formação de mau odor (ação desodorante). Nesse sentido, estudos recentes do grupo de pesquisa dos autores apontam para o desenvolvimento de produtos com grande potencial de inovação para a indústria cosmética. Um deles descreve o desenvolvimento de uma nanofibra contendo óleo de capim-limão, que pode ser aplicada na pele na forma de uma membrana. Esse produto, além de ser capaz de absorver suor, também demonstrou a capacidade de inibir o crescimento de *Staphylococcus hominis*, microrganismo reconhecidamente capaz de gerar mau odor (Holsback et al., 2024).

De forma análoga, conforme citado anteriormente (ver a seção "Compostos biotecnológicos em formulações cosméticas", no Capítulo 6), o óleo de licuri biotransformado com auxílio de uma lipase grau alimentício também foi capaz de inibir o desenvolvimento de *Staphylococcus hominis*, *S. epidermidis* e *Corynebacterium xerosis*, de modo que esse óleo poderia entrar em uma formulação cosmética com diferentes funções: hidratante, fragrância e desodorante (Moreira et al., 2024). Esses são apenas alguns exemplos para ilustrar o potencial de agentes moduladores da microbiota cutânea no desenvolvimento de cosméticos inovadores, tais como outros exemplos relatados na literatura, desde clareadores de pele a produtos antienvelhecimento (Dou et al., 2023).

Outros exemplos

A biotecnologia oferece ainda outras opções de produtos com aplicações em alimentos e cosméticos. Um dos casos que merecem destaque são os óleos microbianos (*single cell oils* – SCO), que podem apresentar uma composição bastante peculiar, pois costumam ter quantidades significativas de ácidos graxos poli-insaturados da classe dos ômega 3 e ômega 6, essenciais para o bom funcionamento de nossas células. A produção desses óleos, que também têm grande interesse para o setor energético (produção de biocombustíveis) pode ser feita com diferentes microrganismos, desde bactérias, fungos e microalgas (Ochsenreither et al., 2016). Diversos outros compostos chamados "nutracêuticos" podem ainda ser obtidos a partir de microrganismos (Wang et al., 2016).

Com o advento da revolução na biologia molecular, hoje em dia é possível obter uma infinidade de produtos por fermentação, mesmo que os microrganismos empregados nesses processos não consigam originalmente sintetizá-los. Por meio de manipulações genéticas, atualmente é possível, por exemplo, obter insulina humana e renina de bezerro por meio de microrganismos com o uso de fermentações industriais. Esse cenário representa um vasto potencial ainda a ser explorado comercialmente de maneira mais abrangente. Um exemplo relativamente maduro que pode ser útil tanto para as ciências cosméticas como para a ciência de alimentos se refere à produção de colágeno por microrganismos ou células de animais ou plantas (Xiang et al., 2021). Além de seu uso tradicional em alimentos (emulsificante, estabilizante, clareador), o interesse por colágeno tem crescido em virtude de seu potencial uso no desenvolvimento das chamadas "carnes cultivadas". Adicionalmente, o colágeno pode trazer um efeito hidratante e de retenção de água para formulações cosméticas. Esses e outros exemplos servem para ilustrar o enorme potencial das ferramentas da biologia molecular para a obtenção de uma ampla gama de produtos de uso comercial, em tese mesmo aqueles que ainda não são passíveis de serem produzidos por bioprocessos industriais.

EXEMPLO DE FORMULAÇÃO COSMETRÓFICA BIOTECNOLÓGICA

Para concluir este capítulo, será apresentada uma formulação do que é considerado um produto classificado como cosmetrófico biotecnológico.

De forma análoga ao apresentado na seção "Substituição de ingredientes em formulações cosméticas convencionais para obtenção de cosmetróficos", no Capítulo 3, esse produto deveria seguir a legislação de alimentos, mas poderia ter uso como cosmético. A diferença principal do que foi apresentado na seção referida está no fato de que um "cosmetrófico biotec" deveria conter em sua formulação ao menos um ingrediente preparado com ferramentas da biotecnologia (como os descritos no Capítulo 4). Um exemplo simples desse tipo de produto poderia ser uma adaptação da formulação apresentada na Tabela 3.2, partindo da substituição total ou parcial de um ou mais ingredientes por outros de origem biotecnológica. Por exemplo, o uso de goma xantana como espessante (combinado ou não a outras gomas), de "xilitol biotec" como umectante, de biossurfactante como emulsificante, de bioaroma como aromatizante, entre outros.

Referências bibliográficas

1. Abdl Aali RAK, Al-Sahlany STG. Gellan gum as a unique microbial polysaccharide: its characteristics, synthesis, and current application trends. Gels. 2024;10:183.
2. Adams MR, Moss MO. Food Microbiology. 3.ed. RSC Publishing; 2008.
3. Adu SA, Twigg MS, Naughton PJ, Marchant R, Banat IM. Glycolipid biosurfactants in skincare applications: challenges and recommendations for future exploitation. Molecules. 2023;28:4463.
4. Allied Marked Research. Cosmetics market research, 2032. 2023 Dec. Disponível em: https://www.alliedmarketresearch.com/cosmetics-market. Acesso em: 20 set. 2025.
5. Alvin G, et al. A comparative study of the safety and efficacy of 75% mulberry (Morus alba) extract oil versus placebo as a topical treatment for melasma: a randomized, single-blind, placebo-controlled trial. JDD. 2011;10(9):1025-31.
6. Caritá AC, Fonseca-Santos B, Shultz JD, Michniak-Kohn B, Chorilli M, Leonardi GR. Vitamin C: one compound, several uses. Advances for delivery, efficiency and stability. Nanomedicine: Nanotechnology, Biology, and Medicine. 2020;24.
7. Baptista S, Freitas F. Bacterial polysaccharides: cosmetic applications. In: Oliveira J, Radhouani H, Reis RL (eds.) Polysaccharides of microbial origin. Springer, 2021.
8. Baptista Torres B. Bioquímica da beleza. Departamento de Bioquímica, Instituto de Química, Universidade de São Paulo; 2005.
9. Bicas JL, Silva WS. Processo de produção e aplicação de pigmento oriundo do fungo Fusarium oxyporum. Pedido de patente INPI n. BR 10 2013 015305-2 (A2). Depositado em 18 de junho de 2013 e publicado na Revista da Propriedade Industrial (RPI) n. 2321, de 30 de junho de 2015, carta patente expedida em 27/7/2021
10. Blácido D, et al. Pesquisadores da USP desenvolvem embalagens biodegradáveis, antimicrobianas e comestíveis. Jornal da USP. 2023 Nov 7. Disponível em: https://jornal.usp.br/atualidades/pesquisadores-da-usp-desenvolvem-embalagens-biodegradaveis-antimicrobianas-e-comestiveis/. Acesso em: 20 set. 2025.

11. Braida D, Dubief C, Lang G. Ceramide: a new approach to hair protection and conditioning. Cosmet Toiletr. 1994;109(12):49-57.
12. Brasil. Lei n. 9.782, de 26 de janeiro de 1999. Define o Sistema Nacional de Vigilância Sanitária, cria a Agência Nacional de Vigilância Sanitária, e dá outras providências. Disponível em: https://www.planalto.gov.br/ccivil_03/leis/l9782.htm. Acesso em: 20 set. 2025.
13. Chen A, Tapia H, Goddard JM, Gibney PA. Trehalose and its applications in the food industry. Comprehensive Reviews in Food Science and Food Safety. 2022;21(6):5004-37.
14. Cheng Q, Liu C, Zhao J, Li W, Guo F, Qin Y, Wang J. Unlocking the potential of hyaluronic acid: exploring its physicochemical properties, modification, and role in food applications, Trends in Food Science & Technology. 2023;142.
15. Corzo-Martínez M, Corzo N, Villamiel M, del Castillo MD. Browning reactions. In: Simpson BK (ed.). Food biochemistry and food processing. 2.ed. John Wiley & Sons; 2012.
16. Costa AF. Farmacognosia. Lisboa: Fundação Calouste Gulbenkian; 1975.
17. Daudt RM. Aplicação dos componentes do pinhão no desenvolvimento de produtos inovadores nas indústrias cosmética e de alimentos [tese]. Universidade Federal do Rio Grande do Sul; 2016.
18. Diniz JA, Tavano OL, Ostolin TLVP. Substâncias bioativas dos alimentos e suas ações no antienvelhecimento da pele: uma revisão narrativa de literatura. Research, Society and Development. 2022;11(11):e526111133879.
19. Dou J, Feng N, Guo F, Chen Z, Liang J, Wang T, et al. Applications of probiotic constituents in cosmetics. Molecules. 2023;28:6765. https://doi.org/10.3390/molecules28196765.
20. Downing DT. Função dos lipídios na estrutura epidérmica. Cosmet Toiletr. 1992;4(2):39-44.
21. Dubnicka M, Cromwell B, Levine M. Investigation of the adulteration of essential oils by GC-MS. Current Analytical Chemistry. 2020;16(8):965-9.
22. Dufossé L. Chapter 4 – Microbial pigments from bacteria, yeasts, fungi, and microalgae for the food and feed industries. 2018. Disponível em: https://www.sciencedirect.com/science/article/pii/B9780128115183000041. Acesso em: 20 set. 2025.
23. Egert M, Simmering R, Riedel CU. The association of the skin microbiota with health, immunity, and disease. Clinical Pharmacology & Therapeutics. 2017;102(1):62-9.
24. Felipe LO, Oliveira AM, Bicas JL. Bioaromas e perspectives for sustainable development. Trends in Food Science & Technology. 2017;62:141-53.
25. Filipini GS. Desenvolvimento de embalagens biodegradáveis ativas a partir de polímeros e extrato natural de jambolão [dissertação – Mestrado em Engenharia de Alimentos]. Rio Grande: Universidade Federal do Rio Grande; 2019.
26. Fortune Business Insights. Key market insights. 2025 Sep. Disponível em: https://www.fortunebusinessinsights.com/cosmetics-market-102614. Acesso em: 20 set. 2025.
27. Freitas ACP, Rigon RB, Bagatin E, Leonardi GR. Perspectives of topical formulations for melasma. International Journal of Dermatology. 2022.
28. Gilbert L, Loisel V, Savary G, Grisel M, Picard C. Stretching properties of xanthan, carob, modified guar and celluloses in cosmetic emulsions. Carbohydrate Polymers. 2013;93(2):644-50.

29. Grand View Research. Biotech Ingredients Market (2024-2030). 2023a. Disponível em: https://www.grandviewresearch.com/industry-analysis/biotech-ingredients-market. Acesso em: 20 set. 2025.
30. Grand View Research. Cosmetic Market (2024-2030). 2023b. Disponível em: https://www.grandviewresearch.com/industry-analysis/cosmetics-market. Acesso em: 20 set. 2025.
31. Gray GM, White RJ. Glycosphingolipids and ceramids in human and pig epidermis. J Invest Dermatol. 1978;70:336.
32. Haller PH. Aplicações de lipídios e fosfolipídios em cosméticos. Cosmet Toiletr. 1989;1(4):33-40.
33. Hamidi M, Okoro OV, Milan PB, Khalili MR, Samadian H, Nie L, et al. Fungal exopolysaccharides: properties, sources, modifications, and biomedical applications. Carbohydrate Polymers. 2022;284:119152.
34. Helenas JK, Bersaneti GT, Silva RT, Bigotto BG, Lonni AASG, Borsato D, et al. Development of facial cosmetic formulations using microbial levan in association with plant-derived compounds using simple lattice design. Brazilian Archives of Biology and Technology. 2023;66:e23220275.
35. Holsback VLS, Leonardi GR, Moreira RC, Bicas JL, Lima LL. Processo para obtenção de nanofibras a partir de solução polimérica, nanofibras e seus usos. Pedido de patente INPI n. BR 10 2024 017925 0. Depositado em 30/8/2024.
36. Hüsnü K, Başer C, Demirci F. Chemistry of essential oils. In: Berger RG (eds.). Flavours and fragrances. Springer, 2007.
37. Imokawa G, Akasaki S, Kawamata A, Yano S, TakaishI N. Water: relation function in the stratum corneum and its recovery properties by synthetic pseudoceramides. J Soc Cosm Chem. 1989;40:273-85.
38. Janga KY, Tatke A, Balguri SP, Lamichanne SP, Ibrahim MM, Maria DN, et al. Ion-sensitive in situ hydrogels of natamycin bilosomes for enhanced and prolonged ocular pharmacotherapy: in vitro permeability, cytotoxicity and in vivo evaluation. Artificial Cells, Nanomedicine, and Biotechnology. 2018;46(Suppl 1): 1039-50.
39. Janga KY, Tatke A, Dudhipala N, Balguri SP, Ibrahim MM, Maria DN, et al. Gellan gum based sol-to-gel transforming system of natamycin transfersomes improves topical ocular delivery. The Journal of Pharmacology and Experimental Therapeutics. 2019;370(3):814-22.
40. Karnwal A, Shrivastava S, Al-Tawaha ARMS, Kumar G, Singh R, Kumar A, et al. Microbial biosurfactant as an alternate to chemical surfactants for application in cosmetics industries in personal and skin care products: a critical review. Biomed Res Int. 2023:2375223.
41. Kiki MJ. Biopigments of microbial origin and their application in the cosmetic industry. Cosmetics. 2023;10(2):47.
42. Krzyżostan M, Wawrzyńczak A, Nowak I. Use of waste from the food industry and applications of the fermentation process to create sustainable cosmetic products: a review. Sustainability. 2024;16:2757.

43. Lehninger AL, Nelson DL, Cox MM. Princípios de bioquímica. 2.ed. Simões AA, Lodi W, trad. São Paulo: Sarvier; 1995.
44. Leonardi GR, Bicas JL, Lima DANL, Pauli MC. Processo para obtenção de composição clarificante, composição clarificante e seu uso. Pedido de patente INPI n. BR 10 2019 027168 0. Depositado em 18/12/2019.
45. Lopes S, Fahr E, Costa J, Silva AB, Lopes MM, Faustino C, et al. Sustainable trehalose lipid production by Rhodotorula sp.: a promising bio-based alternative. Bioprocess Biosyst Eng. 2024;47:145-57.
46. Mahjour M, Banihashemi M, Rakhshandeh H, Vakili V, Khoushabi A, Kakhki MT. A triple-blind, randomized trial of a traditional compound as compared to 4% hydroquinone in melasma. Journal of Herbal Medicine. 2020;19:100308.
47. Maurício E, Rosado C, Duarte MP, Verissimo J, Bom S, Vasconcelo, L. Efficiency of nisin as preservative in cosmetics and topical products. Cosmetics. 2017;4:41.
48. Mendoza CG, Singzon IA, Handog EB. A randomized, double-blind, placebo-controlled clinical trial on the efficacy and safety of 3% Rumex occidentalis cream versus 4% hydroquinone cream in the treatment of melasma among Filipinos. International Journal of Dermatology. 2014;53(11):1412-6.
49. Mesquita VLV, Queiroz C. Enzymatic browning. In: Eskin NA, Shahidi F (eds.). Biochemistry of foods. 3.ed. Elsevier; 2013.
50. Moreira RC. Processos enzimáticos para a produção de bioaromas com aplicações em alimentos e cosméticos [tese – Doutorado em Ciência de Alimentos]. Campinas: Universidade Estadual de Campinas; 2025.
51. Moreira RC, Leonardi GR, Bicas JL. Lipase-mediated alcoholysis for in situ production of ester bioaromas in licuri oil for cosmetic applications. Journal of Biotechnology. 2024;392:25-33.
52. Ochsenreither K, Glück C, Stressler T, Fischer L, Syldatk C. Production strategies and applications of microbial single cell oils. Front Microbiol. 2016;7.
53. Orrillo Lindo SMDR, Pinto LC, Bicas JL, Leonardi G R. O uso de alimentos para clareamento cutâneo: uma revisão do conhecimento popular. Trabalho apresentado no 35º Congresso Brasileiro de Cosmetologia, São Paulo, 2023.
54. Orrillo Lindo SMDR, Ribeiro MPA, Bicas JL, Leonardi GR. Modelagem matemática para a determinação do potencial clareador do extrato etanólico de Açaí (Euterpe oleracea): um processo inovador importante para a indústria cosmética. Trabalho apresentado no Congresso Brasileiro de Cosmetologia, 2025.
55. Ouwehand A, Båtsman A, Salminen S. Probiotics for the skin: a new area of potential application? Letters in Applied Microbiology. 2003;36(5):327-31.
56. Paige DG, Morse-Fisher N, Harper JI. Quantification of stratum corneum ceramides and lipid envelop ceramides in the hereditary ichthyoses. Br J Dermatol. 1994;131:23-7.
57. Pauli MC, Bicas JL, Leonardi GR, Lima DANL, Catharino RR. Processo de obtenção de extrato odontológico, composição odontológica e seu uso na remoção de manchas e no clareamento dental. Pedido de patente INPI n. BR 10 2020 022728 9 A2.

58. Pauli MC, Kanemaru MYS, Vieira-Junior WF, Lima DANL, Bicas JL, Leonardi GR. Current status of whitening agents and enzymes in dentistry. Brazilian Journal of Pharmaceutical Sciences. 2022;58:e19501. doi:10.1590/s2175-979020201000X32e19501.
59. Pauly M, Pauly G. Glicoceramidas. Cosmet Toiletr. 1997;9(1):30-7.
60. Petersen RD. Ceramides: key components for skin protection. Cosmet Toiletr. 1992;107(2):45-9.
61. Phasha V, Senabe J, Ndzotoyi P, Okole B, Fouche G, Chuturgoon A. Review on the use of kojic acid: a skin-lightening ingredient. Cosmetics. 2022;9:64.
62. Pillaiyar T, Manickam M, Namasivayam V. Skin whitening agents: medicinal chemistry perspective of tyrosinase inhibitors. Journal of Enzyme Inhibition and Medicinal Chemistry. 2017;32(1):403-25.
63. Pillaiyar T, Namasivayam V, Manickam M, Jun SH. Inhibitors of melanogenesis: an updated review. Journal of Medicinal Chemistry. 2018;61(17):7395-418.
64. Prista L, Alves AC, Morgado R. Técnica farmacêutica e farmácia galênica. 2.ed. Lisboa: Fundação Calouste Gulbenkian; 1981.
65. Puebla-Barragan S, Reid G. Probiotics in cosmetic and personal care products: trends and challenges. Molecules. 2021;26:1249.
66. Ratledge C. Fatty acid biosynthesis in microorganisms being used for single cell oil production. Biochimie. 2004;86(11):807-15.
67. Rieger M. Skin lipids and their importance to cosmetic science. Cosmet Toiletr. 1987;102(7):36-50.
68. Rigon RB, Freitas ACP, Bicas JL, Cogo-Müller K, Kurebayashi AK, Magalhães RF, et al. Skin microbiota as a therapeutic target for psoriasis treatment: trends and perspectives. Journal of Cosmetic Dermatology. 2021;20(4):1066-72.
69. Roy P, Kumar V. Production of bioflavour from microbial sources and its health benefits. Indian Journal of Biochemistry and Biophysics. 2019;56:352-7.
70. Sá AGA, Meneses AC, Araújo PHH, Oliveira D. A review on enzymatic synthesis of aromatic esters used as flavor ingredients for food, cosmetics and pharmaceuticals industries. Trends Food Sci Technol. 2017;69(Part A):95-105.
71. Sajna KV, Gottumukkala LD, Sukumaran RK, Pandey A. Chapter 18 – White biotechnology in cosmetics. In: Pandey A, Höfer R, Taherzadeh M, Nampoothiri KM, Larroche C (eds.). Industrial biorefineries & white biotechnology. Elsevier; 2015. p.607-52.
72. Santos JC. Rosa-mosqueta como potencial agente cicatrizante. Revista Cubana de Enfermería. 2018;34(1).
73. Schommer NN, Gallo RL. Structure and function of the human skin microbiome. Trends in Microbiology.2013;21(12):660-8.
74. Sebrae. Biotecnologia e sustentabilidade na área de cosméticos e beleza. 2024. Disponível em: https://www.sebrae.com.br/sites/PortalSebrae/artigos/biotecnologia-e-sustentabilidade-na-area-de-cosmeticos-e-beleza,7d6efaa1f1d34810VgnVCM100000d701210aRCRD. Acesso em: 20 set. 2025.
75. Sim YC, Lee SG, Lee DC, Kang BY, Park KM, Lee JY, et al. Stabilization of papain and lysozyme for application to cosmetic products. Biotechnology Letters. 2000;22:137-40.

76. Simpson BK (ed.). Food biochemistry and food processing. 2. ed. John Wiley & Sons; 2012.
77. Singh RD, Kapila S, Ganesan NG, Rangarajan V. A review on green nanoemulsions for cosmetic applications with special emphasis on microbialsurfactants as impending emulsifying agents. J Surfact Deterg. 2022;25:303-19.
78. Singh RS, Kaur N, Singh D, Purewal SS, Kennedy JF. Pullulan in pharmaceutical and cosmeceutical formulations: a review. International Journal of Biological Macromolecules. 2023;231:123353.
79. Statista. Revenue of the food industry worldside from 2018 to 2030. 2025. Disponível em: https://www.statista.com/forecasts/1243605/revenue-food-market-worldwide. Acesso em: 20 set. 2025.
80. Sudha PN, Rose MH. Chapter Nine – Beneficial effects of hyaluronic acid. In: Kim SK (ed.). Advances in food and nutrition research. v.72. Academic Press; 2014. p.137-76.
81. Tadokoro T, Bonté F, Archambault JC, Cauchard JH, Neveu M, Ozawa K, et al. Whitening efficacy of plant extracts including orchid extracts on Japanese female skin with melasma and lentigo senilis. The Journal of Dermatology. 2010;37(6):522-30.
82. The Business Research Company. Food and beverages market overview. 2025 Jan. Disponível em: https://www.thebusinessresearchcompany.com/report/food-and-beverages-global-market-report. Acesso em: 20 set. 2025.
83. Theeraraksakul K, Jaengwang K, Choowongkomon K, Tabtimmai L. Exploring the biological functions and anti-melanogenesis of phallus indusiatus for mushroom-based cosmetic applications. Cosmetics. 2023;10:121.
84. Thewlis J. A emoliência da lanolina. Cosmet Toiletr. 1992;4(5):56-62.
85. Tiwari U, Ganesan NG, Junnarkar J, Rangarajan V. Toward the formulation of bio-cosmetic nanoemulsions: from plant-derived to microbial-derived ingredients. Journal of Dispersion Science and Technology. 2020;43(7):1061-78.
86. Valenta C, Schwarz E, Bernkop-Schnürch A. Lysozyme-caffeic acid conjugates: possible novel preservatives for dermal formulations. International Journal of Pharmaceutics. 1998;174(1-2):125-32.
87. Valpandian T, Nirmal J, Sharma HP, Sharma S, Sharma N, Halder N. Novel water soluble sterile natamycin formulation (Natasol) for fungal keratitis. European Journal of Pharmaceutical Sciences. 2021;163:105857.
88. Vandenberghe LPS, de Carvalho JC, Libardi N, Rodrigues C, Soccol CR. Chapter 1 – Microbial enzyme factories: current trends in production processes and commercial aspects. In: Dhillon GS, Kaur S (eds.). agro-industrial wastes as feedstock for enzyme production. Elsevier; 2016. p.1-12.
89. Vanhooren PT, Vandamme EJ. Microbial production of clavan, an L-fucose rich exopolysaccharide. In: Bielecki S, Tramper J, Polak J (eds.). Food biotechnology, 9. Elsevier; 2000.
90. Velpandian T, Nirmal J, Sharma HP, Sharma S, Sharma N, Halder N. Acção de extractos vegetais de camomila, macela e arnica do Brasil, no processo de modificação da cor dos cabelos, em diferentes veículos extractores. Rev Lusófona de Ciências e Tecnologia da Saúde. 2009;6(2).

91. Wade A, Weller PJ. Handbook of pharmaceutical excipients. Washington: American Pharmaceutical Association; 1994. p.238-9.
92. Waltz E. Cosmetics: when biotech is better than nature. Nat Biotechnol. 2022;40:626-8. https://doi.org/10.1038/s41587-022-01318-x.
93. Wang J, Guleria S, Koffas MAG, Yan Y. Microbial production of value-added nutraceuticals. Current Opinion in Biotechnology. 2016;37:97-104. https://doi.org/10.1016/j.copbio.2015.11.003.
94. Waoo AA, Singh S, Pandey A, Kant G, Choure K, Amesha KTT, et al. Microbial exopolysaccharides in the biomedical and pharmaceutical industries Heliyon. 2023;9(8):e18613.
95. Wei K, Liao X, Yang T, He X, Yang D, Lai L, et al. Efficacy of probiótica supplementation in the treatment of psoriasis: a systematic review and meta-analysis. Journal of Cosmetic Dentistry. 2024;23(7):2361-7.
96. Xiang ZX, Gong JS, Li H, Shi WT, Jiang M, Xu ZH, et al. Heterologous expression, fermentation strategies and molecular modification of collagen for versatile applications. Critical Reviews in Food Science and Nutrition. 2021;63(21):5268-89.
97. Zhang Q, Tu Y, Gu H, Sun D, Wu W, Man MQ, et al. A cream of herbal mixture to improve melasma. Journal of Cosmetic Dermatology. 2019;18(6):1721-8.

Índice remissivo

B

D

E

K

L

M